연산 능력 강화

기초력 완성

개념 기억력 강화

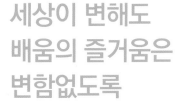

세상이 변해도
배움의 즐거움은
변함없도록

시대는 빠르게 변해도
배움의 즐거움은
변함없어야 하기에

어제의 비상은
남다른 교재부터
결이 다른 콘텐츠
전에 없던 교육 플랫폼까지

변함없는 혁신으로
교육 문화 환경의 새로운 전형을
실현해왔습니다.

비상은 오늘, 다시 한번
새로운 교육 문화 환경을 실현하기 위한
또 하나의 혁신을 시작합니다.

오늘의 내가 어제의 나를 초월하고
오늘의 교육이 어제의 교육을 초월하여
배움의 즐거움을 지속하는 혁신,

바로, 메타인지 기반 완전 학습을.

상상을 실현하는 교육 문화 기업 비상

메타인지 기반 완전 학습

초월을 뜻하는 meta와 생각을 뜻하는 인지가 결합한 메타인지는
자신이 알고 모르는 것을 스스로 구분하고 학습계획을 세우도록 하는
궁극의 학습 능력입니다. 비상의 메타인지 기반 완전 학습 시스템은
잠들어 있는 메타인지를 깨워 공부를 100% 내 것으로 만들도록 합니다.

개념﹢연산 파워

초등수학
3·2

구성과 특징

1 **전 단원 구성**으로 교과 진도에 맞춘 학습!

2 **키워드로 핵심 개념**을 시각화하여 개념 기억력 강화!

3 '**기초 드릴 빨강 연산** ▶ **스킬 업 노랑 연산** ▶ **문장제 플러스 초록 연산**'으로 응용 연산력 완성!

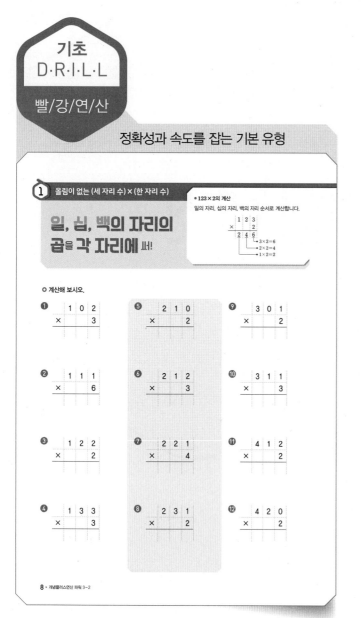

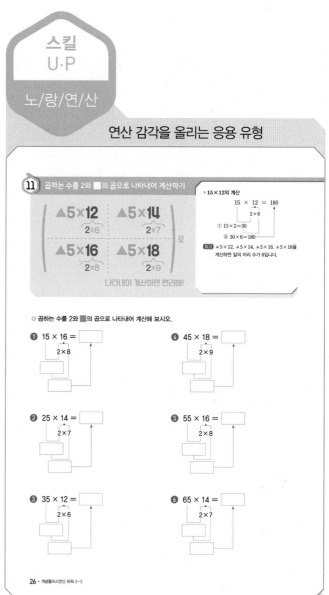

개념+연산 파워 로 응용 연산력을 완성해요!

문장제 P·L·U·S

초/록/연/산

문제해결력을 키우는 연산 문장제 유형

17 곱셈 문장제

* 문제를 읽고 식을 세워 답 구하기
감이 한 상자에 106개씩 들어 있습니다.
2상자에 들어 있는 감은 모두 몇 개입니까?

식 $106 \times 2 = 212$
답 212개

❶ 지수가 50원짜리 동전을 40개 모았습니다.
지수가 모은 돈은 모두 얼마입니까?

계산 공간

식 : [동전의 금액] × [동전의 수] = [지수가 모은 금액]

답 :

❷ 학생들이 한 줄에 6명씩 27줄로 서 있습니다.
줄을 선 학생은 모두 몇 명입니까?

식 : [한 줄에 서 있는 학생 수] × [줄 수] = [줄을 선 학생 수]

답 :

❸ 구슬을 한 봉지에 27개씩 15봉지에 담았습니다.
봉지에 담은 구슬은 모두 몇 개입니까?

식 : [한 봉지에 담은 구슬의 수] × [봉지의 수] = [15봉지에 담은 구슬의 수]

답 :

34 · 개념플러스연산 파워 3-2

평가

단원별 응용 연산력 평가

평가 1. 곱셈

○ 계산해 보시오.

1   $\begin{array}{r} 2\ 0\ 8 \\ \times\qquad 2 \\ \hline \end{array}$

2   $\begin{array}{r} 5\ 1\ 2 \\ \times\qquad 4 \\ \hline \end{array}$

3   $\begin{array}{r} 4\ 0 \\ \times\quad 5\ 0 \\ \hline \end{array}$

4   $\begin{array}{r} 3\ 6 \\ \times\quad 2\ 0 \\ \hline \end{array}$

5   $\begin{array}{r} 7 \\ \times\quad 2\ 9 \\ \hline \end{array}$

6   $\begin{array}{r} 4\ 1 \\ \times\quad 8\ 1 \\ \hline \end{array}$

7   $124 \times 2 =$

8   $317 \times 3 =$

9   $481 \times 5 =$

10   $70 \times 40 =$

11   $93 \times 60 =$

12   $8 \times 64 =$

13   $73 \times 13 =$

14   $45 \times 68 =$

40 · 개념플러스연산 파워 3-2

✱ 초/록/연/산은 수와 연산 단원에만 있음.

차례

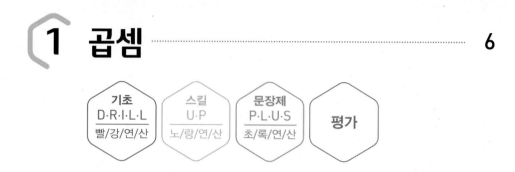

곱셈

◆ 맞힌 개수와 걸린 시간을 작성해 보세요.

학습 내용	일 차	맞힌 개수	걸린 시간
⑫ (몇십몇) × (몇십몇)에서 곱하는 수를 몇십으로 만들어 계산하기	11일 차	/12개	/9분
⑬ (몇십몇) × (몇십몇)에서 곱해지는 수를 몇십으로 만들어 계산하기			
⑭ 곱셈식 완성하기	12일 차	/12개	/14분
⑮ 곱이 가장 큰 곱셈식 만들기	13일 차	/12개	/15분
⑯ 곱이 가장 작은 곱셈식 만들기			
⑰ 곱셈 문장제	14일 차	/7개	/6분
⑱ 덧셈(뺄셈)과 곱셈 문장제	15일 차	/5개	/7분
⑲ 바르게 계산한 값 구하기	16일 차	/5개	/10분
평가 1. 곱셈	17일 차	/20개	/19분

일, 십, 백의 자리의 곱을 각 자리에 써!

● 123 × 2의 계산

일의 자리, 십의 자리, 백의 자리 순서로 계산합니다.

$$
\begin{array}{r}
1\ 2\ 3 \\
\times \quad\ \ 2 \\
\hline
2\ 4\ 6
\end{array}
$$

- 3 × 2 = 6
- 2 × 2 = 4
- 1 × 2 = 2

○ 계산해 보시오.

❶
$$
\begin{array}{r}
1\ 0\ 2 \\
\times \quad\ \ 3 \\
\hline
\end{array}
$$

❷
$$
\begin{array}{r}
1\ 1\ 1 \\
\times \quad\ \ 6 \\
\hline
\end{array}
$$

❸
$$
\begin{array}{r}
1\ 2\ 2 \\
\times \quad\ \ 2 \\
\hline
\end{array}
$$

❹
$$
\begin{array}{r}
1\ 3\ 3 \\
\times \quad\ \ 3 \\
\hline
\end{array}
$$

❺
$$
\begin{array}{r}
2\ 1\ 0 \\
\times \quad\ \ 2 \\
\hline
\end{array}
$$

❻
$$
\begin{array}{r}
2\ 1\ 2 \\
\times \quad\ \ 3 \\
\hline
\end{array}
$$

❼
$$
\begin{array}{r}
2\ 2\ 1 \\
\times \quad\ \ 4 \\
\hline
\end{array}
$$

❽
$$
\begin{array}{r}
2\ 3\ 1 \\
\times \quad\ \ 2 \\
\hline
\end{array}
$$

❾
$$
\begin{array}{r}
3\ 0\ 1 \\
\times \quad\ \ 2 \\
\hline
\end{array}
$$

❿
$$
\begin{array}{r}
3\ 1\ 1 \\
\times \quad\ \ 3 \\
\hline
\end{array}
$$

⓫
$$
\begin{array}{r}
4\ 1\ 2 \\
\times \quad\ \ 2 \\
\hline
\end{array}
$$

⓬
$$
\begin{array}{r}
4\ 2\ 0 \\
\times \quad\ \ 2 \\
\hline
\end{array}
$$

⑬ $110\times2=$

⑭ $111\times7=$

⑮ $121\times2=$

⑯ $123\times3=$

⑰ $130\times3=$

⑱ $134\times2=$

⑲ $144\times2=$

⑳ $203\times2=$

㉑ $211\times4=$

㉒ $221\times3=$

㉓ $223\times2=$

㉔ $242\times2=$

㉕ $301\times3=$

㉖ $312\times2=$

㉗ $320\times3=$

㉘ $331\times2=$

㉙ $342\times2=$

㉚ $410\times2=$

㉛ $422\times2=$

㉜ $433\times2=$

㉝ $442\times2=$

1일 차 학습한 날 월 일 걸린 시간 분 맞힌 개수 /33

일의 자리에서 올림한 수는 십의 자리의 곱에 더해!

● **135 × 2의 계산**

일의 자리의 곱이 10이거나 10보다 크면 십의 자리에 올림한 수를 작게 쓰고, 십의 자리의 곱에 더합니다.

$$
\begin{array}{r}
\overset{1}{} \\
1\ 3\ 5 \\
\times \quad\ \ 2 \\
\hline
2\ 7\ 0 \\
\end{array}
$$

● 5×2=10
● 3×2=6, 6+1=7
● 1×2=2

○ 계산해 보시오.

1
$$
\begin{array}{r}
1\ 1\ 2 \\
\times \quad\ \ 5 \\
\hline
\end{array}
$$

2
$$
\begin{array}{r}
1\ 2\ 4 \\
\times \quad\ \ 3 \\
\hline
\end{array}
$$

3
$$
\begin{array}{r}
1\ 3\ 7 \\
\times \quad\ \ 2 \\
\hline
\end{array}
$$

4
$$
\begin{array}{r}
1\ 4\ 8 \\
\times \quad\ \ 2 \\
\hline
\end{array}
$$

5
$$
\begin{array}{r}
2\ 0\ 5 \\
\times \quad\ \ 4 \\
\hline
\end{array}
$$

6
$$
\begin{array}{r}
2\ 1\ 4 \\
\times \quad\ \ 3 \\
\hline
\end{array}
$$

7
$$
\begin{array}{r}
2\ 2\ 5 \\
\times \quad\ \ 3 \\
\hline
\end{array}
$$

8
$$
\begin{array}{r}
2\ 3\ 7 \\
\times \quad\ \ 2 \\
\hline
\end{array}
$$

9
$$
\begin{array}{r}
3\ 1\ 5 \\
\times \quad\ \ 2 \\
\hline
\end{array}
$$

10
$$
\begin{array}{r}
3\ 2\ 6 \\
\times \quad\ \ 3 \\
\hline
\end{array}
$$

11
$$
\begin{array}{r}
4\ 0\ 7 \\
\times \quad\ \ 2 \\
\hline
\end{array}
$$

12
$$
\begin{array}{r}
4\ 3\ 5 \\
\times \quad\ \ 2 \\
\hline
\end{array}
$$

⑬ $103 \times 7 =$

⑭ $114 \times 5 =$

⑮ $117 \times 4 =$

⑯ $125 \times 2 =$

⑰ $129 \times 3 =$

⑱ $136 \times 2 =$

⑲ $147 \times 2 =$

⑳ $207 \times 2 =$

㉑ $215 \times 3 =$

㉒ $219 \times 2 =$

㉓ $224 \times 4 =$

㉔ $229 \times 3 =$

㉕ $236 \times 2 =$

㉖ $247 \times 2 =$

㉗ $308 \times 3 =$

㉘ $316 \times 2 =$

㉙ $328 \times 3 =$

㉚ $347 \times 2 =$

㉛ $425 \times 2 =$

㉜ $438 \times 2 =$

㉝ $449 \times 2 =$

십의 자리에서 올림한 수는
백의 자리의 곱에 더하고,
백의 자리에서 올림한 수는
천의 자리에 써!

● 241 × 5의 계산

각 자리의 곱이 10이거나 10보다 크면 윗자리에 올림한 수를 작게 쓰고, 윗자리의 곱에 더합니다.

$$
\begin{array}{r}
\ {\scriptstyle 2} \\
2\ 4\ 1 \\
\times5 \\
\hline
1\ 2\ 0\ 5
\end{array}
$$

- $1 \times 5 = 5$
- $4 \times 5 = 20$
- $2 \times 5 = 10,\ 10 + 2 = 12$

○ 계산해 보시오.

❶
$$
\begin{array}{r}
1\ 5\ 1 \\
\times2 \\
\hline
\end{array}
$$

❷
$$
\begin{array}{r}
1\ 7\ 2 \\
\times3 \\
\hline
\end{array}
$$

❸
$$
\begin{array}{r}
2\ 3\ 2 \\
\times4 \\
\hline
\end{array}
$$

❹
$$
\begin{array}{r}
3\ 6\ 2 \\
\times2 \\
\hline
\end{array}
$$

❺
$$
\begin{array}{r}
3\ 0\ 1 \\
\times5 \\
\hline
\end{array}
$$

❻
$$
\begin{array}{r}
3\ 1\ 2 \\
\times4 \\
\hline
\end{array}
$$

❼
$$
\begin{array}{r}
4\ 3\ 1 \\
\times3 \\
\hline
\end{array}
$$

❽
$$
\begin{array}{r}
5\ 3\ 3 \\
\times2 \\
\hline
\end{array}
$$

❾
$$
\begin{array}{r}
2\ 5\ 1 \\
\times6 \\
\hline
\end{array}
$$

❿
$$
\begin{array}{r}
3\ 3\ 2 \\
\times4 \\
\hline
\end{array}
$$

⓫
$$
\begin{array}{r}
4\ 5\ 2 \\
\times3 \\
\hline
\end{array}
$$

⓬
$$
\begin{array}{r}
5\ 7\ 3 \\
\times2 \\
\hline
\end{array}
$$

⑬ $141 \times 5 =$

⑭ $162 \times 4 =$

⑮ $193 \times 2 =$

⑯ $241 \times 3 =$

⑰ $283 \times 3 =$

⑱ $381 \times 2 =$

⑲ $463 \times 2 =$

⑳ $412 \times 4 =$

㉑ $521 \times 3 =$

㉒ $624 \times 2 =$

㉓ $632 \times 2 =$

㉔ $701 \times 5 =$

㉕ $732 \times 3 =$

㉖ $821 \times 4 =$

㉗ $270 \times 6 =$

㉘ $351 \times 4 =$

㉙ $472 \times 3 =$

㉚ $541 \times 7 =$

㉛ $562 \times 4 =$

㉜ $682 \times 2 =$

㉝ $753 \times 3 =$

3일 차 학습한 날 월 일 걸린 시간 분 맞힌 개수 /33

4 (몇십)×(몇십)

(몇)×(몇)을 계산한 값에
0을 2개 붙여!

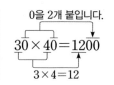
○ 계산해 보시오.

❶
```
      1 0
  ×   3 0
```

❷
```
      1 0
  ×   4 0
```

❸
```
      2 0
  ×   1 0
```

❹
```
      2 0
  ×   3 0
```

❺
```
      3 0
  ×   5 0
```

❻
```
      3 0
  ×   7 0
```

❼
```
      4 0
  ×   4 0
```

❽
```
      4 0
  ×   7 0
```

❾
```
      5 0
  ×   6 0
```

❿
```
      6 0
  ×   2 0
```

⓫
```
      7 0
  ×   3 0
```

⓬
```
      8 0
  ×   2 0
```

⑬ $10 \times 50 =$

⑳ $40 \times 80 =$

㉗ $70 \times 50 =$

⑭ $10 \times 90 =$

㉑ $50 \times 30 =$

㉘ $70 \times 60 =$

⑮ $20 \times 60 =$

㉒ $50 \times 90 =$

㉙ $80 \times 30 =$

⑯ $20 \times 80 =$

㉓ $60 \times 50 =$

㉚ $80 \times 60 =$

⑰ $30 \times 20 =$

㉔ $60 \times 60 =$

㉛ $80 \times 80 =$

⑱ $30 \times 90 =$

㉕ $60 \times 90 =$

㉜ $90 \times 40 =$

⑲ $40 \times 60 =$

㉖ $70 \times 20 =$

㉝ $90 \times 70 =$

(몇십몇)×(몇)을
계산한 값에
0을 1개 붙여!

● 24×30의 계산

```
      2  4
   ×  3  0  ┐ 0을 1개
   ─────────┘ 붙입니다.
   7  2  0
   24×3=72
```

```
                0을 1개 붙입니다.
   24 × 30 = 720
        24×3=72
```

참고 ■▲ × ●0 ⇨ (■▲ × ●)의 10배

○ 계산해 보시오.

❶
```
      1  2
   ×  8  0
```

❷
```
      1  5
   ×  4  0
```

❸
```
      2  1
   ×  6  0
```

❹
```
      2  7
   ×  5  0
```

❺
```
      3  4
   ×  2  0
```

❻
```
      3  8
   ×  3  0
```

❼
```
      4  2
   ×  7  0
```

❽
```
      4  9
   ×  3  0
```

❾
```
      5  6
   ×  4  0
```

❿
```
      6  1
   ×  7  0
```

⓫
```
      7  3
   ×  6  0
```

⓬
```
      8  5
   ×  2  0
```

⑬ $13 \times 20 =$

⑳ $47 \times 30 =$

㉗ $79 \times 20 =$

⑭ $16 \times 30 =$

㉑ $52 \times 40 =$

㉘ $81 \times 40 =$

⑮ $22 \times 40 =$

㉒ $58 \times 20 =$

㉙ $83 \times 50 =$

⑯ $25 \times 70 =$

㉓ $62 \times 90 =$

㉚ $84 \times 30 =$

⑰ $31 \times 80 =$

㉔ $66 \times 50 =$

㉛ $92 \times 60 =$

⑱ $37 \times 30 =$

㉕ $72 \times 80 =$

㉜ $95 \times 50 =$

⑲ $43 \times 50 =$

㉖ $74 \times 30 =$

㉝ $97 \times 40 =$

6 (몇)×(몇십몇)

(몇십몇)=(몇십)+(몇)이니까
(몇)×(몇십)과
(몇)×(몇)을 더해!

● 5×26의 계산

```
      5
×   2 6  ── 20+6
    3 0  ── 5×6
  1 0 0  ── 5×20
  1 3 0
```

간단하게
나타내기

```
        3
        5
×     2 6
  1 · 3 0
```

○ 계산해 보시오.

❶
```
      2
×   1 3
```

❷
```
      2
×   2 4
```

❸
```
      3
×   1 5
```

❹
```
      3
×   3 2
```

❺
```
      4
×   2 7
```

❻
```
      4
×   5 1
```

❼
```
      5
×   4 2
```

❽
```
      5
×   7 3
```

❾
```
      6
×   3 9
```

❿
```
      7
×   1 6
```

⓫
```
      8
×   2 4
```

⓬
```
      9
×   4 1
```

⑬ $2 \times 32 =$

⑭ $2 \times 51 =$

⑮ $3 \times 46 =$

⑯ $3 \times 73 =$

⑰ $4 \times 36 =$

⑱ $4 \times 62 =$

⑲ $5 \times 19 =$

⑳ $5 \times 58 =$

㉑ $5 \times 83 =$

㉒ $6 \times 17 =$

㉓ $6 \times 56 =$

㉔ $6 \times 94 =$

㉕ $7 \times 25 =$

㉖ $7 \times 42 =$

㉗ $7 \times 61 =$

㉘ $8 \times 34 =$

㉙ $8 \times 72 =$

㉚ $8 \times 85 =$

㉛ $9 \times 21 =$

㉜ $9 \times 53 =$

㉝ $9 \times 87 =$

곱하는 수 (몇십몇)=(몇십)+(몇)이니까

(몇십몇)×(몇십)과
(몇십몇)×(몇)을 더해!

● 16 × 21의 계산

```
       1  6
  ×    2  1  ── 20+1
       1  6  ── 16×1
    3  2  0  ── 16×20
    3  3  6
```

○ 계산해 보시오.

1

```
      1  2
  ×   2  5
```

2

```
      2  9
  ×   2  1
```

3

```
      3  1
  ×   1  6
```

4

```
      4  1
  ×   5  2
```

5

```
      5  3
  ×   1  2
```

6

```
      6  1
  ×   1  9
```

7

```
      7  2
  ×   1  2
```

8

```
      8  2
  ×   3  1
```

9

```
      9  1
  ×   1  9
```

⑩ $12 \times 53 =$

⑯ $27 \times 31 =$

㉒ $52 \times 14 =$

⑪ $13 \times 42 =$

⑰ $32 \times 14 =$

㉓ $61 \times 51 =$

⑫ $16 \times 16 =$

⑱ $37 \times 21 =$

㉔ $63 \times 13 =$

⑬ $19 \times 41 =$

⑲ $41 \times 17 =$

㉕ $74 \times 12 =$

⑭ $21 \times 54 =$

⑳ $43 \times 13 =$

㉖ $81 \times 15 =$

⑮ $23 \times 43 =$

㉑ $51 \times 21 =$

㉗ $92 \times 41 =$

8. 올림이 여러 번 있는 (몇십몇)×(몇십몇)

올림이 한 번 있는
(몇십몇)×(몇십몇)과 같이 계산하고,
올림한 수를 잊지 마!

● 25×36의 계산

$$
\begin{array}{r}
2\ 5 \\
\times\ 3\ 6 \\
\hline
1\ 5\ 0 \\
7\ 5\ 0 \\
\hline
9\ 0\ 0
\end{array}
$$

- 36 → 30+6
- 150 → 25×6
- 750 → 25×30

○ 계산해 보시오.

❶
$$
\begin{array}{r}
1\ 4 \\
\times\ 5\ 9 \\
\hline
\end{array}
$$

❷
$$
\begin{array}{r}
2\ 3 \\
\times\ 4\ 7 \\
\hline
\end{array}
$$

❸
$$
\begin{array}{r}
3\ 8 \\
\times\ 3\ 2 \\
\hline
\end{array}
$$

❹
$$
\begin{array}{r}
4\ 5 \\
\times\ 2\ 9 \\
\hline
\end{array}
$$

❺
$$
\begin{array}{r}
5\ 7 \\
\times\ 8\ 2 \\
\hline
\end{array}
$$

❻
$$
\begin{array}{r}
6\ 4 \\
\times\ 7\ 2 \\
\hline
\end{array}
$$

❼
$$
\begin{array}{r}
7\ 5 \\
\times\ 2\ 7 \\
\hline
\end{array}
$$

❽
$$
\begin{array}{r}
8\ 6 \\
\times\ 5\ 4 \\
\hline
\end{array}
$$

❾
$$
\begin{array}{r}
9\ 2 \\
\times\ 3\ 8 \\
\hline
\end{array}
$$

⑩ $15 \times 24 =$

⑪ $19 \times 32 =$

⑫ $22 \times 57 =$

⑬ $25 \times 63 =$

⑭ $35 \times 82 =$

⑮ $37 \times 64 =$

⑯ $42 \times 45 =$

⑰ $48 \times 29 =$

⑱ $53 \times 38 =$

⑲ $59 \times 46 =$

⑳ $62 \times 33 =$

㉑ $68 \times 42 =$

㉒ $73 \times 52 =$

㉓ $76 \times 43 =$

㉔ $84 \times 26 =$

㉕ $87 \times 53 =$

㉖ $93 \times 62 =$

㉗ $95 \times 39 =$

화살표 방향에 따라
곱셈식을 세워!

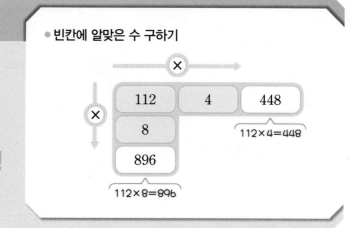

● 빈칸에 알맞은 수 구하기

○ 빈칸에 알맞은 수를 써넣으시오.

❶
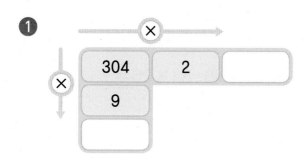

❷
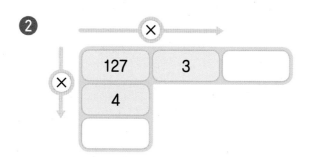

❸
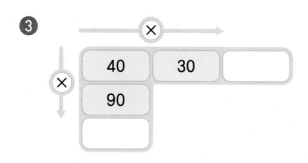

❹
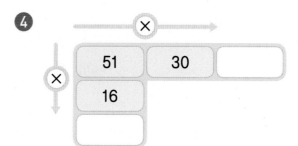

❺
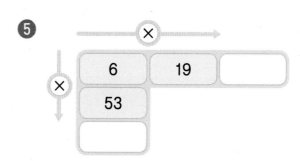

❻
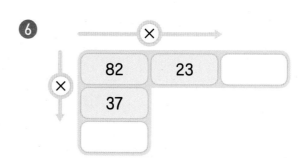

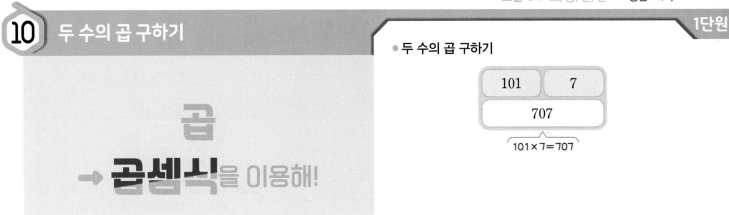

10 두 수의 곱 구하기

곱
→ 곱셈식을 이용해!

● 두 수의 곱 구하기

101	7

707

101 × 7 = 707

○ 빈칸에 두 수의 곱을 써넣으시오.

❼

210	3

⑪

72	50

❽

104	9

⑫

3	85

❾

361	7

⑬

62	21

❿

50	80

⑭

23	95

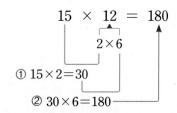

● 15×12의 계산

① 15×2=30
② 30×6=180

15 × 12 = 180

참고 ▲5×12, ▲5×14, ▲5×16, ▲5×18을 계산하면 일의 자리 수가 0입니다.

나타내어 계산하면 편리해!

○ 곱하는 수를 2와 ■의 곱으로 나타내어 계산해 보시오.

① 15 × 16 =

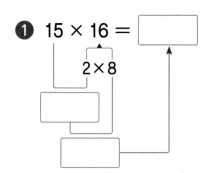

2×8

④ 45 × 18 =

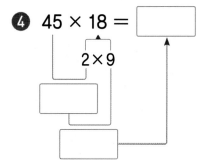

2×9

② 25 × 14 =

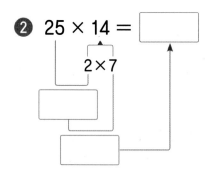

2×7

⑤ 55 × 16 =

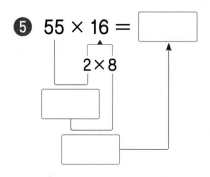

2×8

③ 35 × 12 =

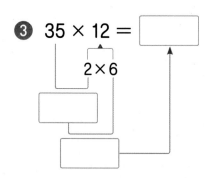

2×6

⑥ 65 × 14 =

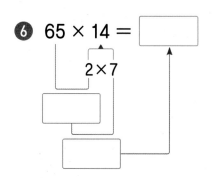

2×7

❼ 15 × 14 = ☐

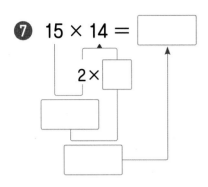

⓫ 45 × 16 = ☐

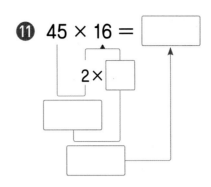

❽ 25 × 16 = ☐

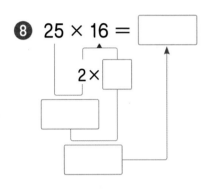

⓬ 55 × 18 = ☐

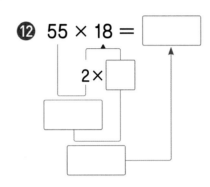

❾ 35 × 18 = ☐

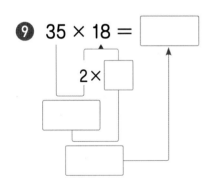

⓭ 65 × 12 = ☐

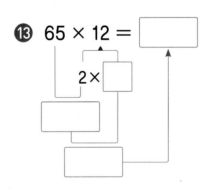

❿ 45 × 12 = ☐

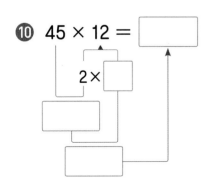

⓮ 75 × 14 = ☐

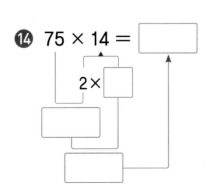

(몇십몇) × (몇십몇)에서 곱하는 수를 몇십으로 만들어 계산하기

●×▲에서 ▲를

몇십으로 만들기 위해

▲에 ■를 더했으면

계산 결과에서 ●×■를 빼!

● **13 × 29의 계산**

30을 만들기 위해
29에 1을 더합니다.

$$13 \quad \times \quad 29 \quad = \quad 377$$
$$\downarrow +1 \qquad \uparrow -13 \times 1$$
$$13 \quad \times \quad 30 \quad = \quad 390$$

390에서 13×1을
뺍니다.

○ (몇십몇) × (몇십몇)에서 곱하는 수를 몇십으로 만들어 계산해 보시오.

❶ 26 × 19 = ☐

    ↓ +1   ↑ − ☐ ×1

    26 × 20 = ☐

❹ 53 × 48 = ☐

    ↓ +2   ↑ − ☐ ×2

    53 × 50 = ☐

❷ 35 × 29 = ☐

    ↓ +1   ↑ − ☐ ×1

    35 × 30 = ☐

❺ 22 × 37 = ☐

    ↓ +3   ↑ − ☐ ×3

    22 × 40 = ☐

❸ 41 × 38 = ☐

    ↓ +2   ↑ − ☐ ×2

    41 × 40 = ☐

❻ 61 × 57 = ☐

    ↓ +3   ↑ − ☐ ×3

    61 × 60 = ☐

13 (몇십몇) × (몇십몇)에서 곱해지는 수를 몇십으로 만들어 계산하기

●×▲에서 ●를

몇십으로 만들기 위해

●에 ■를 더했으면

계산 결과에서 ■×▲를 빼!

● **19 × 56의 계산**

20을 만들기 위해
19에 1을 더합니다.

$$19 \times 56 = 1064$$
$$\downarrow +1 \qquad\qquad \uparrow -1 \times 56$$
$$20 \times 56 = 1120$$

1120에서 1×56을
뺍니다.

○ (몇십몇) × (몇십몇)에서 곱해지는 수를 몇십으로 만들어 계산해 보시오.

❼ $29 \times 33 = \boxed{}$

   $\downarrow +1$ $\uparrow - 1 \times \boxed{}$

   $30 \times 33 = \boxed{}$

❿ $68 \times 71 = \boxed{}$

   $\downarrow +2$ $\uparrow - 2 \times \boxed{}$

   $70 \times 71 = \boxed{}$

❽ $59 \times 62 = \boxed{}$

   $\downarrow +1$ $\uparrow - 1 \times \boxed{}$

   $60 \times 62 = \boxed{}$

⓫ $47 \times 56 = \boxed{}$

   $\downarrow +3$ $\uparrow - 3 \times \boxed{}$

   $50 \times 56 = \boxed{}$

❾ $38 \times 24 = \boxed{}$

   $\downarrow +2$ $\uparrow - 2 \times \boxed{}$

   $40 \times 24 = \boxed{}$

⓬ $77 \times 12 = \boxed{}$

   $\downarrow +3$ $\uparrow - 3 \times \boxed{}$

   $80 \times 12 = \boxed{}$

곱셈에서 올림이 있으면 올림한 수를 주의해!

○ 곱셈식을 완성해 보시오.

❶
$$\begin{array}{r} 2\ 0\ \boxed{\ } \\ \times\qquad 3 \\ \hline \boxed{\ }\ 2\ 7 \end{array}$$

❹
$$\begin{array}{r} 7\ 3 \\ \times\ \boxed{\ }\ 0 \\ \hline \boxed{\ }\ 9\ 2\ 0 \end{array}$$

❷
$$\begin{array}{r} 4\ 9\ 6 \\ \times\qquad \boxed{\ } \\ \hline 2\ 4\ \boxed{\ }\ 0 \end{array}$$

❺
$$\begin{array}{r} \boxed{\ } \\ \times\ 3\ 4 \\ \hline 1\ \boxed{\ }\ 6 \end{array}$$

❸
$$\begin{array}{r} 3\ \boxed{\ } \\ \times\ 2\ 0 \\ \hline 7\ 4\ \boxed{\ } \end{array}$$

❻
$$\begin{array}{r} 6 \\ \times\ 7\ \boxed{\ } \\ \hline \boxed{\ }\ 3\ 2 \end{array}$$

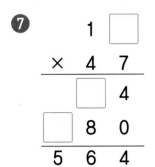

❼
```
      1 □
  ×   4 7
    □   4
  □ 8 0
  5 6 4
```

❽
```
      5 3
  ×   1 □
    □ 5 9
  5 □ 0
  6 8 9
```

❾
```
      8 2
  ×   □ 2
    1 6 □
  □ 2 0
  9 8 4
```

❿
```
      3 □
  ×   5 2
    □   2
  1 □ 0 0
  1 8 7 2
```

⓫
```
      6 8
  ×   2 □
    □ 7 2
  1 3 □ 0
  1 6 3 2
```

⓬
```
      7 7
  ×   □ 9
    6 9 □
  □ 0 8 0
  3 7 7 3
```

곱이 가장 큰 곱셈식 만들기

네 수 ①, ②, ③, ④가 ④>③>②>①>0일 때

곱이 가장 큰 (세 자리 수)×(한 자리 수)	곱이 가장 큰 (몇십몇)×(몇십몇)
③②①×④	④①×③②
가장 큰 수	가장 큰 수 / 두 번째로 큰 수

- 수 카드 4장을 한 번씩만 사용하여 곱이 가장 큰 곱셈식 만들기

  1 4 6 8 → • 8>6>4>1
- 곱이 가장 큰 (세 자리 수)×(한 자리 수)
  $\Rightarrow 641 \times 8 = 5128$
- 곱이 가장 큰 (몇십몇)×(몇십몇)
  $\Rightarrow 81 \times 64 = 5184$

○ 수 카드 4장을 한 번씩만 사용하여 곱이 가장 큰 곱셈식을 만들고 계산해 보시오.

❶ 2 1 7 5

☐☐☐ × ☐

(   )

❹ 9 3 1 4

☐☐ × ☐☐

(   )

❷ 3 6 2 9

☐☐☐ × ☐

(   )

❺ 7 4 8 5

☐☐ × ☐☐

(   )

❸ 5 4 7 2

☐☐☐ × ☐

(   )

❻ 8 2 9 6

☐☐ × ☐☐

(   )

16 곱이 가장 작은 곱셈식 만들기

네 수 ①, ②, ③, ④가 ④>③>②>①>0일 때

곱이 가장 작은
(세 자리 수)×(한 자리 수)

②③④×①

가장
작은 수

곱이 가장 작은
(몇십몇)×(몇십몇)

①③×②④

가장   두 번째로
작은 수   작은 수

- 수 카드 4장을 한 번씩만 사용하여
  곱이 가장 작은 곱셈식 만들기

  2 3 7 9 → 9>7>3>2

- 곱이 가장 작은 (세 자리 수)×(한 자리 수)
  ⇨ 379×2=758
- 곱이 가장 작은 (몇십몇)×(몇십몇)
  ⇨ 27×39=1053

○ 수 카드 4장을 한 번씩만 사용하여 곱이 가장 작은 곱셈식을 만들고 계산해 보시오.

❼ 7 6 2 5

☐☐☐ × ☐

(   )

❿ 6 1 4 3

☐☐ × ☐☐

(   )

❽ 4 2 9 6

☐☐☐ × ☐

(   )

⓫ 5 9 1 4

☐☐ × ☐☐

(   )

❾ 3 8 5 7

☐☐☐ × ☐

(   )

⓬ 8 3 4 9

☐☐ × ☐☐

(   )

17 곱셈 문장제

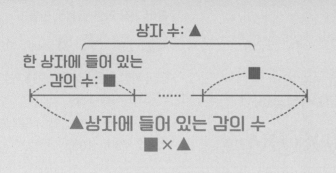

상자 수: ▲
한 상자에 들어 있는
감의 수: ■

▲상자에 들어 있는 감의 수
■×▲

감이 한 상자에 106개씩 들어 있습니다.
2상자에 들어 있는 감은 모두 몇 개입니까?

식 106×2=212

답 212개

① 지수가 50원짜리 동전을 40개 모았습니다.
지수가 모은 돈은 모두 얼마입니까?

계산 공간

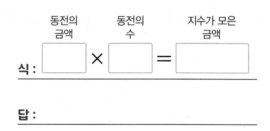

동전의 금액		동전의 수		지수가 모은 금액
식 :	×		=	

답 :

② 학생들이 한 줄에 6명씩 27줄로 서 있습니다.
줄을 선 학생은 모두 몇 명입니까?

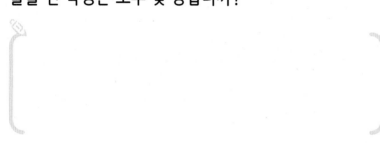

한 줄에 서 있는 학생 수		줄 수		줄을 선 학생 수
식 :	×		=	

답 :

③ 구슬을 한 봉지에 27개씩 15봉지에 담았습니다.
봉지에 담은 구슬은 모두 몇 개입니까?

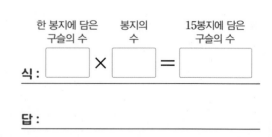

한 봉지에 담은 구슬의 수		봉지의 수		15봉지에 담은 구슬의 수
식 :	×		=	

답 :

④ 아이스크림 한 컵의 무게가 129 g입니다.
이 아이스크림 5컵의 무게는 모두 몇 g입니까?

식 : _____

답 : _____

⑤ 혜진이가 동화책을 하루에 48쪽씩 읽으려고 합니다.
30일 동안 읽을 수 있는 동화책은 모두 몇 쪽입니까?

식 : _____

답 : _____

⑥ 연필을 한 명당 8자루씩 62명에게 주려고 합니다.
필요한 연필은 모두 몇 자루입니까?

식 : _____

답 : _____

⑦ 털실 16 m로 모자 한 개를 만들 수 있습니다.
똑같은 모자 23개를 만드는 데 필요한 털실은 모두 몇 m입니까?

식 : _____

답 : _____

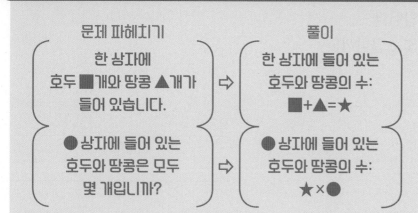

● 문제를 읽고 해결하기

한 상자에 호두 80개와 땅콩 52개가
들어 있습니다.
4상자에 들어 있는 호두와 땅콩은 모두
몇 개입니까?

풀이 (한 상자에 들어 있는 호두와 땅콩의 수)
　　＝80＋52＝132(개)
　　⇨ (4상자에 들어 있는 호두와 땅콩의 수)
　　　＝132×4＝528(개)

답 528개

---

① 예지네 반 남학생은 12명이고, 여학생은 8명입니다.
예지네 반 학생들에게 색종이를 한 명당 40장씩 나누어 주려면
필요한 색종이는 모두 몇 장입니까?

　✎ 풀이 공간

　　(예지네 반 학생 수)＝12＋□＝□(명)

　　⇨ (필요한 색종이의 수)＝40×□＝□(장)

　　　　　　　　　　　　　　　　　답 : _____

---

② 세호는 사탕 20봉지 중에서 동생에게 5봉지를 주었습니다.
한 봉지에 사탕이 9개씩 들어 있다면 세호에게 남은 사탕은 모두 몇 개입니까?

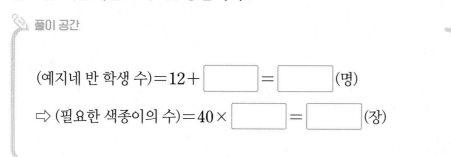

　　(세호에게 남은 사탕의 봉지 수)＝20－□＝□(봉지)

　　⇨ (세호에게 남은 사탕의 수)＝9×□＝□(개)

　　　　　　　　　　　　　　　　　답 : _____

❸ 선물 상자 한 개를 포장하는 데 빨간색 끈 76 cm와 노란색 끈 85 cm가 필요합니다.
똑같은 선물 상자 3개를 포장하는 데 필요한 끈은 모두 몇 cm입니까?

답 : _____

❹ 과일 가게에서 귤을 어제는 14상자, 오늘은 16상자 팔았습니다.
귤이 한 상자에 75개씩 들어 있다면
어제와 오늘 과일 가게에서 판 귤은 모두 몇 개입니까?

답 : _____

❺ 학생들이 현장 체험 학습을 가려고 45명씩 탈 수 있는 버스 13대에 나누어 탔습니다.
버스마다 4자리씩 비어 있다면 버스에 탄 학생은 모두 몇 명입니까?

답 : _____

문제 파헤치기

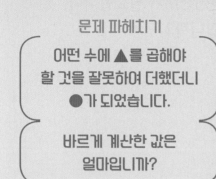

어떤 수에 ▲를 곱해야
할 것을 잘못하여 더했더니
●가 되었습니다.

바르게 계산한 값은
얼마입니까?

풀이

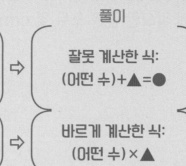

잘못 계산한 식:
(어떤 수)+▲=●

바르게 계산한 식:
(어떤 수)×▲

● 문제를 읽고 해결하기

어떤 수에 3을 곱해야 할 것을 잘못하여
더했더니 219가 되었습니다.
바르게 계산한 값은 얼마입니까?

어떤 수
풀이 □+3=219
⇨ 219−3=□, □=216
따라서 바르게 계산한 값은
216×3=648입니다.

답 648

---

1 어떤 수에 20을 곱해야 할 것을 잘못하여 더했더니 93이 되었습니다.
바르게 계산한 값은 얼마입니까?

✎ 풀이 공간

어떤 수
■+20=□ ⇨ □−20=■, ■=□
따라서 바르게 계산한 값은 □×20=□ 입니다.

답 : _____

---

2 31에 어떤 수를 곱해야 할 것을 잘못하여 더했더니 69가 되었습니다.
바르게 계산한 값은 얼마입니까?

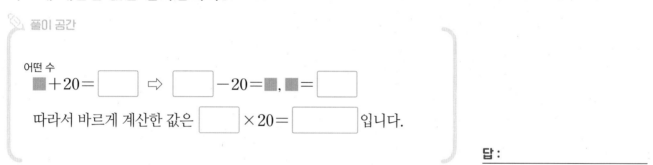

어떤 수
31+■=□ ⇨ □−31=■, ■=□
따라서 바르게 계산한 값은 31×□=□ 입니다.

답 : _____

❸ 어떤 수에 6을 곱해야 할 것을 잘못하여 더했더니 351이 되었습니다.
바르게 계산한 값은 얼마입니까?

답 : _____

❹ 어떤 수에 15를 곱해야 할 것을 잘못하여 더했더니 23이 되었습니다.
바르게 계산한 값은 얼마입니까?

답 : _____

❺ 56에 어떤 수를 곱해야 할 것을 잘못하여 더했더니 80이 되었습니다.
바르게 계산한 값은 얼마입니까?

답 : _____

계산해 보시오.

1
$$\begin{array}{r} 2\ 0\ 8 \\ \times\qquad 2 \\ \hline \end{array}$$

2
$$\begin{array}{r} 5\ 1\ 2 \\ \times\qquad 4 \\ \hline \end{array}$$

3
$$\begin{array}{r} 4\ 0 \\ \times\ 5\ 0 \\ \hline \end{array}$$

4
$$\begin{array}{r} 3\ 6 \\ \times\ 2\ 0 \\ \hline \end{array}$$

5
$$\begin{array}{r} 7 \\ \times\ 2\ 9 \\ \hline \end{array}$$

6
$$\begin{array}{r} 4\ 1 \\ \times\ 8\ 1 \\ \hline \end{array}$$

7　$124 \times 2 =$

8　$317 \times 3 =$

9　$481 \times 5 =$

10　$70 \times 40 =$

11　$93 \times 60 =$

12　$8 \times 64 =$

13　$73 \times 13 =$

14　$45 \times 68 =$

15 밤이 한 상자에 105개씩 들어 있습니다. 6상자에 들어 있는 밤은 모두 몇 개입니까?

식_____

답_____

16 공책을 한 명당 12권씩 26명에게 주려고 합니다. 필요한 공책은 모두 몇 권입니까?

식_____

답_____

17 장난감을 한 시간에 ㉮ 공장에서는 125개, ㉯ 공장에서는 96개씩 만든다고 합니다. 두 공장에서 8시간 동안 만드는 장난감은 모두 몇 개입니까?

(   )

18 저금통에 50원짜리 동전이 100개 들어 있었습니다. 그중에서 50개를 꺼냈다면 저금통에 남은 돈은 얼마입니까?

(   )

19 어떤 수에 70을 곱해야 할 것을 잘못하여 더했더니 108이 되었습니다. 바르게 계산한 값은 얼마입니까?

(   )

20 수 카드 4장을 한 번씩만 사용하여 곱이 가장 큰 곱셈식을 만들고 계산해 보시오.

| 2 | 7 | 9 | 3 |

□□ × □□

(   )

나눗셈

학습 내용	일 차	맞힌 개수	걸린 시간
① 내림이 없는 (몇십)÷(몇)	1일 차	/22개	/9분
② 내림이 있는 (몇십)÷(몇)			
③ 내림이 없는 (몇십몇)÷(몇)	2일 차	/30개	/9분
④ 내림이 있는 (몇십몇)÷(몇)	3일 차	/30개	/12분
⑤ 내림이 없고 나머지가 있는 (몇십몇)÷(몇)	4일 차	/30개	/10분
⑥ 내림이 있고 나머지가 있는 (몇십몇)÷(몇)	5일 차	/30개	/13분
⑦ 나머지가 없는 (세 자리 수)÷(한 자리 수)	6일 차	/30개	/13분
⑧ 나머지가 있는 (세 자리 수)÷(한 자리 수)	7일 차	/30개	/14분
⑨ 계산이 맞는지 확인하기	8일 차	/16개	/11분
⑩ 큰 수를 작은 수로 나눈 몫 구하기	9일 차	/14개	/13분
⑪ 그림에서 두 수의 나눗셈하기			

● 맞힌 개수와 걸린 시간을 작성해 보세요.

학습 내용	일 차	맞힌 개수	걸린 시간
⑫ 곱셈식에서 어떤 수 구하기	10일 차	/22개	/17분
⑬ 나눗셈식에서 어떤 수(나누어지는 수) 구하기	11일 차	/22개	/17분
⑭ 몫이 가장 큰 나눗셈식 만들기	12일 차	/12개	/15분
⑮ 몫이 가장 작은 나눗셈식 만들기			
⑯ 나눗셈식 완성하기	13일 차	/10개	/13분
⑰ 나머지가 없는 나눗셈 문장제	14일 차	/7개	/6분
⑱ 나머지가 있는 나눗셈 문장제	15일 차	/5개	/4분
⑲ 곱셈과 나눗셈 문장제	16일 차	/5개	/7분
⑳ 바르게 계산한 값 구하기(1)	17일 차	/5개	/10분
㉑ 바르게 계산한 값 구하기(2)	18일 차	/5개	/10분
평가 2. 나눗셈	19일 차	/20개	/21분

(몇)÷(몇)을 계산한 값에

0을 1개 붙여!

• 60÷3의 계산

$60 \div 3 = 20$
$6 \div 3 = 2$

나눗셈식을 세로로 쓰는 방법

$$\begin{array}{r} 20 \leftarrow 몫 \\ 3\overline{)60} \leftarrow 나누어지는 \\ \underline{6} \quad \quad 수 \\ 0 \end{array}$$

나누는 수

○ 계산해 보시오.

❶

$$2\overline{)40}$$

❷

$$5\overline{)50}$$

❸

$$8\overline{)80}$$

④ $20 \div 2 =$

⑤ $30 \div 3 =$

⑥ $60 \div 2 =$

⑦ $60 \div 6 =$

⑧ $70 \div 7 =$

⑨ $80 \div 4 =$

⑩ $90 \div 3 =$

⑪ $90 \div 9 =$

내림이 있는 (몇십)÷(몇)

나누어지는 수의 십의 자리 수를 나눈 몫은
십의 자리에,
십의 자리에서 남은 수와 0을 내려 나눈 몫은
일의 자리에 써!

● **50÷2의 계산**

```
      2                        2 5
  2)5 0          ⇨         2)5 0
    4 0 ●2×20              4
    1 0                    1 0
                           1 0 ●2×5
                              0
```

$$50 \div 2 = 25$$

○ 계산해 보시오.

⑫
```
2)3 0
```

⑬
```
4)6 0
```

⑭
```
5)7 0
```

⑮ $60 \div 4 =$

⑯ $60 \div 5 =$

⑰ $70 \div 2 =$

⑱ $70 \div 5 =$

⑲ $80 \div 5 =$

⑳ $90 \div 2 =$

㉑ $90 \div 5 =$

㉒ $90 \div 6 =$

나누어지는 수의 십의 자리 수를 나눈 몫은

십의 자리에,

일의 자리 수를 나눈 몫은

일의 자리에 써!

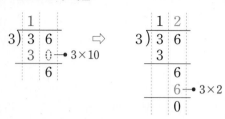

● 36÷3의 계산

$$36÷3=12$$

○ 계산해 보시오.

❶

2) 2 2

❹

2) 4 2

❼

3) 6 3

❷

2) 2 4

❺

2) 4 8

❽

7) 7 7

❸

3) 3 9

❻

5) 5 5

❾

4) 8 8

⑩ $26 \div 2 =$

⑪ $28 \div 2 =$

⑫ $33 \div 3 =$

⑬ $44 \div 2 =$

⑭ $44 \div 4 =$

⑮ $46 \div 2 =$

⑯ $48 \div 4 =$

⑰ $62 \div 2 =$

⑱ $64 \div 2 =$

⑲ $66 \div 3 =$

⑳ $68 \div 2 =$

㉑ $69 \div 3 =$

㉒ $82 \div 2 =$

㉓ $84 \div 2 =$

㉔ $84 \div 4 =$

㉕ $86 \div 2 =$

㉖ $88 \div 2 =$

㉗ $88 \div 8 =$

㉘ $93 \div 3 =$

㉙ $96 \div 3 =$

㉚ $99 \div 3 =$

4 내림이 있는 (몇십몇)÷(몇)

나누어지는 수의 십의 자리 수를 나눈 몫은

십의 자리에,

십의 자리에서 남은 수와 일의 자리 수를 내려

나눈 몫은 일의 자리에 써!

● 54÷2의 계산

$$
\begin{array}{r}
2 \\
2\,\overline{)5\;4} \\
4\;0 \quad \leftarrow 2\times20 \\
\hline
1\;4
\end{array}
\quad\Rightarrow\quad
\begin{array}{r}
2\;7 \\
2\,\overline{)5\;4} \\
4 \\
\hline
1\;4 \\
1\;4 \quad \leftarrow 2\times7 \\
\hline
0
\end{array}
$$

$$54\div2=27$$

○ 계산해 보시오.

① 2)3 2

② 2)3 4

③ 3)4 2

④ 3)4 8

⑤ 4)5 2

⑥ 2)5 6

⑦ 5)6 5

⑧ 6)7 2

⑨ 2)7 8

⑩ 36÷2=

⑪ 38÷2=

⑫ 45÷3=

⑬ 54÷3=

⑭ 56÷4=

⑮ 57÷3=

⑯ 58÷2=

⑰ 64÷4=

⑱ 72÷2=

⑲ 75÷5=

⑳ 78÷3=

㉑ 81÷3=

㉒ 84÷6=

㉓ 85÷5=

㉔ 87÷3=

㉕ 91÷7=

㉖ 92÷4=

㉗ 95÷5=

㉘ 96÷4=

㉙ 96÷8=

㉚ 98÷2=

3일 차 학습한 날 월 일 걸린 시간 분 맞힌 개수 /30

나머지는 나누는 수보다 항상 작아!
★ < ▲

- **17÷5의 계산**
- 17을 5로 나누면 **몫**은 3이고 2가 남습니다.
  이때 2를 17÷5의 **나머지**라고 합니다.

$$5\overline{)17} \quad \begin{array}{l}3 \to 몫\\15\\2 \to 나머지\end{array} \qquad 17÷5=3\cdots2$$
몫 ┘   └ 나머지

- 나머지가 없으면 나머지가 0이라고 말할 수 있습니다.
  나머지가 0일 때, **나누어떨어진다**고 합니다.

○ 계산해 보시오.

①

$$3\overline{)16}$$

②
$$4\overline{)25}$$

③
$$5\overline{)33}$$

④
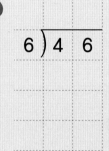
$$6\overline{)46}$$

⑤
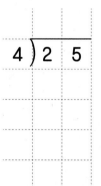
$$7\overline{)58}$$

⑥

$$8\overline{)61}$$

⑦
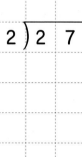
$$2\overline{)27}$$

⑧
$$4\overline{)47}$$

⑨

$$3\overline{)65}$$

⑩ $13 \div 2 =$

⑪ $19 \div 4 =$

⑫ $26 \div 3 =$

⑬ $28 \div 5 =$

⑭ $31 \div 6 =$

⑮ $37 \div 7 =$

⑯ $44 \div 5 =$

⑰ $47 \div 8 =$

⑱ $52 \div 6 =$

⑲ $56 \div 9 =$

⑳ $60 \div 7 =$

㉑ $66 \div 8 =$

㉒ $71 \div 9 =$

㉓ $75 \div 8 =$

㉔ $37 \div 3 =$

㉕ $45 \div 2 =$

㉖ $58 \div 5 =$

㉗ $62 \div 3 =$

㉘ $78 \div 7 =$

㉙ $89 \div 4 =$

㉚ $97 \div 3 =$

나누어지는 수의
십의 자리부터 순서대로 계산하여
몫과 **나머지**를 구해!

● **55÷4의 계산**

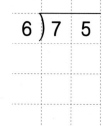

$$55 \div 4 = 13 \cdots 3$$

└ 나머지는 나누는 수보다 항상 작습니다.

○ 계산해 보시오.

❶

$$2 \overline{)3\ 7}$$

❷

$$3 \overline{)4\ 4}$$

❸

$$4 \overline{)5\ 3}$$

❹

$$4 \overline{)6\ 6}$$

❺

$$5 \overline{)6\ 8}$$

❻

$$3 \overline{)7\ 4}$$

❼

$$6 \overline{)7\ 5}$$

❽

$$7 \overline{)8\ 5}$$

❾

$$7 \overline{)9\ 3}$$

⑩ 33÷2=

⑪ 39÷2=

⑫ 41÷3=

⑬ 43÷3=

⑭ 54÷4=

⑮ 55÷3=

⑯ 59÷4=

⑰ 62÷4=

⑱ 67÷5=

⑲ 69÷4=

⑳ 71÷3=

㉑ 74÷6=

㉒ 76÷5=

㉓ 77÷2=

㉔ 82÷5=

㉕ 83÷6=

㉖ 88÷3=

㉗ 92÷7=

㉘ 95÷4=

㉙ 96÷5=

㉚ 99÷7=

5일 차 학습한 날 월 일 걸린 시간 분 맞힌 개수 /30

나누어지는 수의
백의 자리부터
순서대로 계산해!

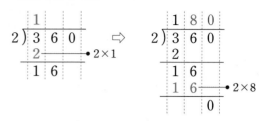

● 360÷2의 계산

$$360 \div 2 = 180$$

참고 백의 자리에서 나눌 수 없으면 십의 자리부터 순서대로 계산합니다.

○ 계산해 보시오.

❶
```
  )
2 ) 2 6 0
```

❷
```
  )
5 ) 3 1 5
```

❸
```
  )
4 ) 4 2 8
```

❹
```
  )
3 ) 4 5 0
```

❺
```
  )
6 ) 5 1 0
```

❻
```
  )
5 ) 6 0 0
```

❼
```
  )
8 ) 7 5 2
```

❽
```
  )
4 ) 8 2 0
```

❾
```
  )
3 ) 9 1 2
```

⑩ 242÷2=

⑪ 270÷2=

⑫ 336÷3=

⑬ 384÷6=

⑭ 400÷2=

⑮ 464÷4=

⑯ 480÷5=

⑰ 500÷4=

⑱ 520÷5=

⑲ 582÷6=

⑳ 605÷5=

㉑ 612÷3=

㉒ 624÷4=

㉓ 736÷8=

㉔ 774÷9=

㉕ 782÷2=

㉖ 825÷3=

㉗ 840÷5=

㉘ 852÷6=

㉙ 927÷3=

㉚ 960÷4=

➡ ★=■ 또는 ★<■이면

몫은 세 자리 수!

➡ ★>■이면 **몫은 두 자리 수!**

●413÷5의 계산

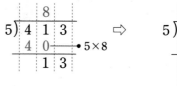 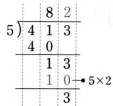

$$413÷5=82\cdots3$$

└• 나머지는 나누는 수보다 항상 작습니다.

○ 계산해 보시오.

❶

```
   )
2 ) 2  2  1
```

❹

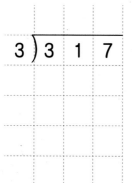

```
   )
4 ) 5  6  2
```

❼

```
   )
9 ) 7  4  2
```

❷

```
   )
3 ) 3  1  7
```

❺

```
   )
6 ) 5  8  4
```

❽

```
   )
5 ) 8  0  4
```

❸

```
   )
5 ) 3  2  3
```

❻

```
   )
8 ) 6  5  9
```

❾

```
   )
9 ) 9  6  5
```

⑩ $215 \div 2 =$

⑰ $506 \div 7 =$

㉔ $764 \div 5 =$

⑪ $291 \div 4 =$

⑱ $532 \div 5 =$

㉕ $791 \div 9 =$

⑫ $329 \div 2 =$

⑲ $590 \div 4 =$

㉖ $812 \div 3 =$

⑬ $355 \div 3 =$

⑳ $622 \div 3 =$

㉗ $847 \div 8 =$

⑭ $436 \div 3 =$

㉑ $656 \div 5 =$

㉘ $877 \div 7 =$

⑮ $467 \div 4 =$

㉒ $683 \div 8 =$

㉙ $900 \div 8 =$

⑯ $479 \div 6 =$

㉓ $705 \div 2 =$

㉚ $968 \div 9 =$

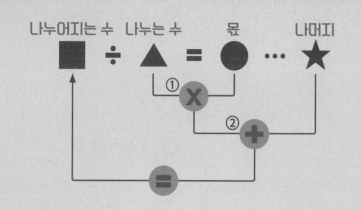

● 나머지가 있는 나눗셈의 계산이 맞는지
  확인하기

나누는 수와 몫의 곱에 나머지를 더하면
나누어지는 수가 되어야 합니다.

$$35 \div 4 = 8 \cdots 3$$

확인 $4 \times 8 = 32,\ 32 + 3 = 35$

○ 계산해 보고 계산 결과가 맞는지 확인해 보시오.

①

$$3\overline{)29}$$

확인 : _____

②

$$4\overline{)46}$$

확인 : _____

③

$$5\overline{)74}$$

확인 : _____

④

$$6\overline{)82}$$

확인 : _____

⑤

$$7\overline{)156}$$

확인 : _____

⑥

$$4\overline{)721}$$

확인 : _____

기초 D·R·I·L·L 빨/강/연/산 ◆ 정답 • 10쪽

2단원

7 26÷7=

확인 :

8 38÷3=

확인 :

9 54÷5=

확인 :

10 63÷2=

확인 :

11 79÷6=

확인 :

12 85÷3=

확인 :

13 91÷8=

확인 :

14 281÷9=

확인 :

15 470÷3=

확인 :

16 687÷5=

확인 :

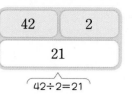

● 큰 수를 작은 수로 나눈 몫 구하기

42	2
21	

42÷2=21

몫

→ **나눗셈식**을 이용해!

○ 큰 수를 작은 수로 나눈 몫을 빈칸에 써넣으시오.

1

40	2

2

5	60

3

36	3

4

2	64

5

76	4

6

8	96

7

480	3

8

6	672

11 그림에서 두 수의 나눗셈하기

화살표 방향에 따라 **나눗셈식**을 세워!

● 빈칸에 알맞은 수 구하기

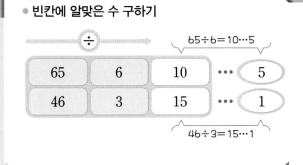

$65 \div 6 = 10 \cdots 5$

| 65 | 6 | 10 | ⋯ | 5 |
| 46 | 3 | 15 | ⋯ | 1 |

$46 \div 3 = 15 \cdots 1$

○ 몫은 ▭ 안에, 나머지는 ◯ 안에 써넣으시오.

❾

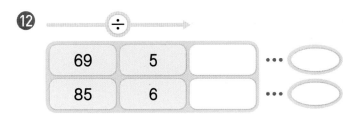

| 20 | 3 | | ⋯ | |
| 51 | 9 | | ⋯ | |

❿

| 49 | 4 | | ⋯ | |
| 81 | 7 | | ⋯ | |

⓫

| 73 | 9 | | ⋯ | |
| 288 | 5 | | ⋯ | |

⑫

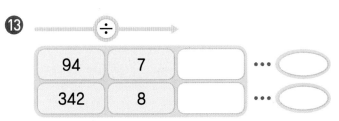

| 69 | 5 | | ⋯ | |
| 85 | 6 | | ⋯ | |

⑬

| 94 | 7 | | ⋯ | |
| 342 | 8 | | ⋯ | |

⑭

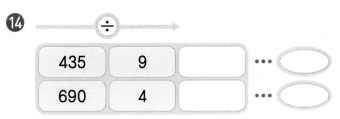

| 435 | 9 | | ⋯ | |
| 690 | 4 | | ⋯ | |

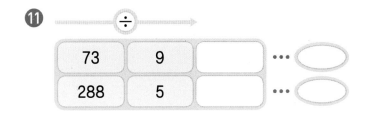

곱셈과 나눗셈의 관계를 이용해!

$$\blacksquare \times \blacktriangle = \bullet \rightarrow \begin{bmatrix} \bullet \div \blacktriangle = \blacksquare \\ \bullet \div \blacksquare = \blacktriangle \end{bmatrix}$$

- '$\square \times 3 = 48$'에서 $\square$의 값 구하기

  $\square \times 3 = 48$

  ⇨ 곱셈과 나눗셈의 관계를 이용하면

  $48 \div 3 = \square$, $\square = 16$

- '$4 \times \square = 72$'에서 $\square$의 값 구하기

  $4 \times \square = 72$

  ⇨ 곱셈과 나눗셈의 관계를 이용하면

  $72 \div 4 = \square$, $\square = 18$

○ 어떤 수($\square$)를 구해 보시오.

❶ $\square \times 3 = 60$

❷ $\square \times 2 = 80$

❸ $\square \times 4 = 48$

❹ $\square \times 3 = 93$

❺ $\square \times 4 = 56$

❻ $2 \times \square = 50$

❼ $5 \times \square = 70$

❽ $6 \times \square = 66$

❾ $3 \times \square = 69$

❿ $5 \times \square = 75$

⑪ $\boxed{} \times 3 = 84$

⑰ $6 \times \boxed{} = 78$

⑫ $\boxed{} \times 6 = 96$

⑱ $7 \times \boxed{} = 98$

⑬ $\boxed{} \times 8 = 120$

⑲ $4 \times \boxed{} = 172$

⑭ $\boxed{} \times 4 = 140$

⑳ $3 \times \boxed{} = 213$

⑮ $\boxed{} \times 5 = 535$

㉑ $5 \times \boxed{} = 725$

⑯ $\boxed{} \times 6 = 768$

㉒ $4 \times \boxed{} = 856$

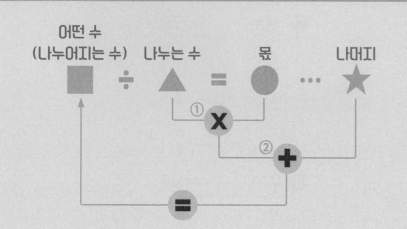

• '□÷2=12'에서 □의 값 구하기

□÷2=12

⇨ 2×12=□, □=24

• '□÷3=14…1'에서 □의 값 구하기

□÷3=14…1

⇨ 3×14=42, 42+1=□ → □=43

○ 어떤 수(□)를 구해 보시오.

❶ □÷2=23

❷ □÷8=11

❸ □÷4=17

❹ □÷3=24

❺ □÷2=48

❻ □÷4=9…1

❼ □÷5=8…3

❽ □÷7=9…4

❾ □÷5=11…4

❿ □÷3=22…1

⑪ [　] ÷2＝42⋯1

⑰ [　] ÷3＝42⋯1

⑫ [　] ÷5＝12⋯2

⑱ [　] ÷7＝38⋯6

⑬ [　] ÷4＝18⋯3

⑲ [　] ÷8＝45⋯5

⑭ [　] ÷3＝25⋯2

⑳ [　] ÷6＝71⋯3

⑮ [　] ÷7＝12⋯4

㉑ [　] ÷9＝58⋯4

⑯ [　] ÷6＝14⋯5

㉒ [　] ÷5＝124⋯4

(몫이 가장 큰 나눗셈식) =(가장 큰 수) ÷(가장 작은 수)

- 수 카드 3장을 한 번씩만 사용하여 몫이 가장 큰 (몇십몇)÷(몇) 만들기

  2 3 4 → 4>3>2

- (몇십몇)에 놓이는 수: 43
  └ 나누어지는 수

- (몇)에 놓이는 수: 2
  └ 나누는 수

⇨ 몫이 가장 큰 나눗셈식: 43÷2=21⋯1

○ 수 카드 3장을 한 번씩만 사용하여 몫이 가장 큰 (몇십몇)÷(몇)을 만들고 계산해 보시오.

1 2 6 5

나눗셈식 : _____

2 4 3 6

나눗셈식 : _____

3 5 3 8

나눗셈식 : _____

4 6 8 4

나눗셈식 : _____

5 7 4 9

나눗셈식 : _____

6 9 8 6

나눗셈식 : _____

15 몫이 가장 작은 나눗셈식 만들기

(몫이 가장 작은 나눗셈식)
=(가장 작은 수)
÷(가장 큰 수)

●수 카드 3장을 한 번씩만 사용하여 몫이 가장
작은 (몇십몇)÷(몇) 만들기

   3   4   5 → 5>4>3

• (몇십몇)에 놓이는 수: 34
   └• 나누어지는 수
• (몇)에 놓이는 수: 5
   └• 나누는 수
⇨ 몫이 가장 작은 나눗셈식: 34÷5＝6…4

○ 수 카드 3장을 한 번씩만 사용하여 몫이 가장 작은 (몇십몇)÷(몇)을 만들고 계산해 보시오.

❼   1   5   2

나눗셈식 : _____

❿   5   4   6

나눗셈식 : _____

❽   2   8   5

나눗셈식 : _____

⓫   9   5   7

나눗셈식 : _____

❾   7   6   3

나눗셈식 : _____

⓬   8   7   9

나눗셈식 : _____

세로 계산식에서
각 수를 구하는 방법을 생각해!
- ●=(■÷▲의 몫)
- ♥=▲×●, ▲=(♥÷●의 몫)
- ★=■-♥

● 나눗셈식에서 □의 값 구하기

$$\begin{array}{r} ㉠\ 4 \\ 6\overline{)㉡\ 7} \\ 6 \\ \hline 2\ ㉢ \\ 2\ ㉣ \\ \hline 3 \end{array}$$

- 에서
$6×㉠=6 ⇨ ㉠=1,$
$㉡-6=2 ⇨ ㉡=8$
- 에서
$㉢=7,$
$㉢-㉣=3$
$⇨ 7-㉣=3, ㉣=4$

○ 나눗셈식을 완성해 보시오.

1
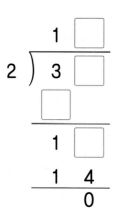

3
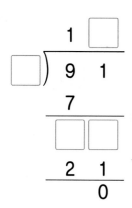

2

4
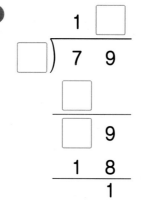

❺

```
      2 □
  ┌─────────
□ │ 8 □
    6
  ────────
    2   3
    2 □
  ────────
        2
```

❽

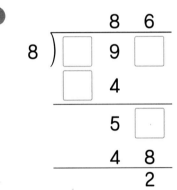

```
        6 □
  ┌──────────
□ │ 5   8 □
    5   4
  ──────────
        4   9
        4 □
  ──────────
          4
```

❻

```
    □ 8
  ┌────────
5 │ 9 □
    5
  ───────
    4 □
    4 □
  ───────
        3
```

❾

```
        8   6
  ┌──────────
8 │ □   9 □
    □   4
  ──────────
        5 □
        4   8
  ──────────
          2
```

❼

```
    □   2
  ┌─────────
□ │ □   8
    8
  ─────────
    1   8
    1   6
  ─────────
      □
```

❿

```
    2 □   9
  ┌───────────
□ │ 8 □   8
    8
  ───────────
        3   8
      □   6
  ───────────
          2
```

17 나머지가 없는 나눗셈 문장제

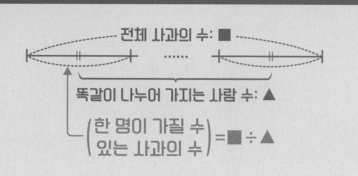

●문제를 읽고 식을 세워 답 구하기

사과 72개를 6명이 똑같이 나누어 가지려고 합니다.
한 명이 사과를 몇 개씩 가질 수 있습니까?

식 72÷6=12

답 12개

① 사탕 60개를 5봉지에 똑같이 나누어 담으려고 합니다.
한 봉지에 사탕을 몇 개씩 담을 수 있습니까?

 계산 공간

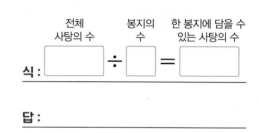

식 : [전체 사탕의 수] ÷ [봉지의 수] = [한 봉지에 담을 수 있는 사탕의 수]

답 :

② 공원에 있는 네발자전거의 바퀴 수를 세어 보니 모두 76개였습니다.
공원에 있는 네발자전거는 모두 몇 대입니까?

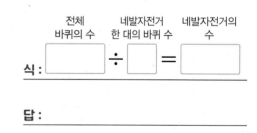

식 : [전체 바퀴의 수] ÷ [네발자전거 한 대의 바퀴 수] = [네발자전거의 수]

답 :

③ 색종이 312장을 3모둠에 똑같이 나누어 주려고 합니다.
한 모둠에 색종이를 몇 장씩 나누어 줄 수 있습니까?

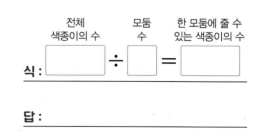

식 : [전체 색종이의 수] ÷ [모둠 수] = [한 모둠에 줄 수 있는 색종이의 수]

답 :

④ 동화책 30권을 한 상자에 2권씩 넣어 포장하려고 합니다.
동화책을 모두 포장하면 몇 상자가 됩니까?

식 : _____

답 : _____

⑤ 개미 한 마리의 다리는 6개입니다.
개미의 다리가 모두 96개일 때, 개미는 모두 몇 마리입니까?

식 : _____

답 : _____

⑥ 175쪽짜리 위인전을 하루에 7쪽씩 읽으려고 합니다.
위인전을 모두 읽는 데 며칠이 걸리겠습니까?

식 : _____

답 : _____

⑦ 구슬 212개를 한 명에게 4개씩 나누어 주려고 합니다.
구슬을 몇 명에게 나누어 줄 수 있습니까?

식 : _____

답 : _____

⑱ 나머지가 있는 나눗셈 문장제

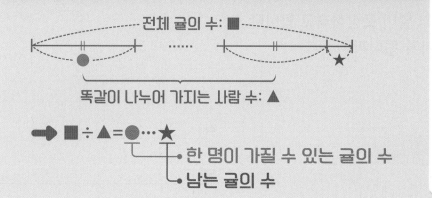

• 문제를 읽고 식을 세워 답 구하기

귤 54개를 7명이 똑같이 나누어 가지려고 합니다.
한 명이 귤을 몇 개씩 가질 수 있고,
몇 개가 남습니까?

식 $54 \div 7 = 7 \cdots 5$

답 7개씩 가질 수 있고, 5개가 남습니다.

---

❶ 클립 39개를 한 명에게 5개씩 나누어 주려고 합니다.
클립을 몇 명에게 나누어 줄 수 있고, 몇 개가 남습니까?

✎ 계산 공간

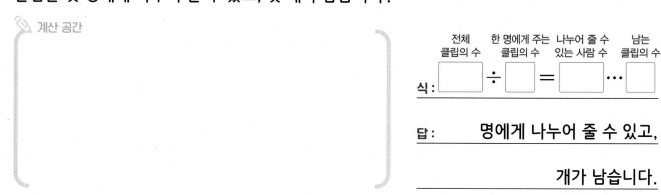

식 :

전체 클립의 수		한 명에게 주는 클립의 수		나누어 줄 수 있는 사람 수		남는 클립의 수
	÷		=		⋯	

답 : _____ 명에게 나누어 줄 수 있고,

_____ 개가 남습니다.

---

❷ 딸기 153개를 6개의 접시에 똑같이 나누어 담으려고 합니다.
한 접시에 딸기를 몇 개씩 담을 수 있고, 몇 개가 남습니까?

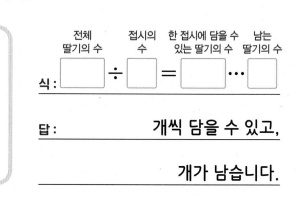

식 :

전체 딸기의 수		접시의 수		한 접시에 담을 수 있는 딸기의 수		남는 딸기의 수
	÷		=		⋯	

답 : _____ 개씩 담을 수 있고,

_____ 개가 남습니다.

③ 종이꽃 한 개를 만드는 데 색종이가 8장 필요합니다.
색종이 42장으로 종이꽃을 몇 개 만들 수 있고, 색종이는 몇 장이 남습니까?

식 : _____

답 : _____ 개 만들 수 있고,

_____ 장이 남습니다.

④ 감자 67개를 4상자에 똑같이 나누어 담으려고 합니다.
한 상자에 감자를 몇 개씩 담을 수 있고, 몇 개가 남습니까?

식 : _____

답 : _____ 개씩 담을 수 있고,

_____ 개가 남습니다.

⑤ 끈 9 m로 선물 상자 한 개를 포장할 수 있습니다.
끈 275 m로 선물 상자를 몇 개 포장할 수 있고, 끈은 몇 m가 남습니까?

식 : _____

답 : _____ 개 포장할 수 있고,

_____ m가 남습니다.

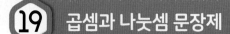
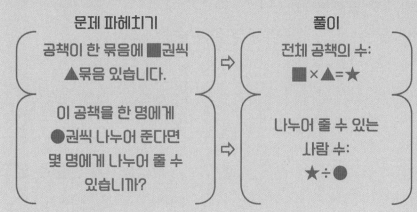

● 문제를 읽고 해결하기

공책이 한 묶음에 13권씩 6묶음 있습니다.
이 공책을 한 명에게 3권씩 나누어 준다면
몇 명에게 나누어 줄 수 있습니까?

풀이 (전체 공책의 수)
＝13×6＝78(권)
⇨ (나누어 줄 수 있는 사람 수)
＝78÷3＝26(명)

답 26명

① 학생들이 한 줄에 12명씩 5줄로 서 있습니다.
이 학생들이 긴 의자에 4명씩 앉으려면
긴 의자는 몇 개 필요합니까?

✎ 풀이 공간

(전체 학생 수)＝12×☐＝☐(명)
⇨ (필요한 긴 의자의 수)
＝☐÷4＝☐(개)

답 : _____

② 한 상자에 80개씩 들어 있는 인형이 4상자 있습니다.
이 인형을 하루에 5개씩 판다면
모두 파는 데 며칠이 걸리겠습니까?

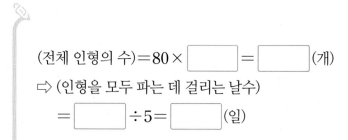

(전체 인형의 수)＝80×☐＝☐(개)
⇨ (인형을 모두 파는 데 걸리는 날수)
＝☐÷5＝☐(일)

답 : _____

③ 꽃이 한 다발에 11송이씩 8다발 있습니다.
이 꽃을 꽃병 한 개에 4송이씩 꽂으려면
꽃병은 몇 개 필요합니까?

답 : _____

④ 지우개가 한 묶음에 15개씩 5묶음 있습니다.
이 지우개를 3명에게 똑같이 나누어 준다면
한 명에게 몇 개씩 나누어 줄 수 있습니까?

답 : _____

⑤ 리한이가 동화책을 매일 18쪽씩 9일 동안 다 읽었습니다.
이 동화책을 준호가 매일 6쪽씩 읽는다면
다 읽는 데 며칠이 걸리겠습니까?

답 : _____

20 바르게 계산한 값 구하기(1)

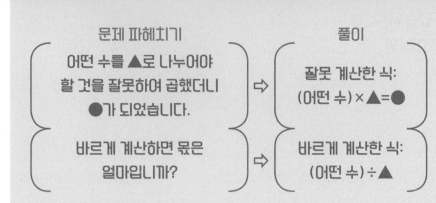

문제 파헤치기

어떤 수를 ▲로 나누어야 할 것을 잘못하여 곱했더니 ●가 되었습니다.

바르게 계산하면 몫은 얼마입니까?

풀이

잘못 계산한 식:
(어떤 수) × ▲ = ●

바르게 계산한 식:
(어떤 수) ÷ ▲

● 문제를 읽고 해결하기

어떤 수를 3으로 나누어야 할 것을 잘못하여 곱했더니 153이 되었습니다. 바르게 계산하면 몫은 얼마입니까?

어떤 수
풀이 □ × 3 = 153
⇨ 153 ÷ 3 = □, □ = 51
따라서 바르게 계산하면
51 ÷ 3 = 17입니다.

몫 17

1 어떤 수를 5로 나누어야 할 것을 잘못하여 곱했더니 225가 되었습니다.
바르게 계산하면 몫은 얼마입니까?

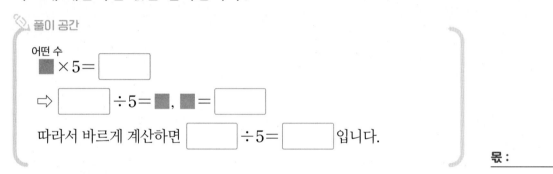

✎ 풀이 공간

어떤 수
■ × 5 = ☐

⇨ ☐ ÷ 5 = ■, ■ = ☐

따라서 바르게 계산하면 ☐ ÷ 5 = ☐ 입니다.

몫 :

2 어떤 수를 8로 나누어야 할 것을 잘못하여 곱했더니 776이 되었습니다.
바르게 계산하면 몫과 나머지는 얼마입니까?

어떤 수
■ × 8 = ☐

⇨ ☐ ÷ 8 = ■, ■ = ☐

따라서 바르게 계산하면 ☐ ÷ 8 = ☐ … ☐ 입니다.

몫 :

나머지 :

③ 어떤 수를 7로 나누어야 할 것을 잘못하여 곱했더니 539가 되었습니다.
바르게 계산하면 몫은 얼마입니까?

몫 : _____

④ 어떤 수를 4로 나누어야 할 것을 잘못하여 곱했더니 252가 되었습니다.
바르게 계산하면 몫과 나머지는 얼마입니까?

몫 : _____

나머지 : _____

⑤ 어떤 수를 3으로 나누어야 할 것을 잘못하여 곱했더니 696이 되었습니다.
바르게 계산하면 몫과 나머지는 얼마입니까?

몫 : _____

나머지 : _____

21 바르게 계산한 값 구하기(2)

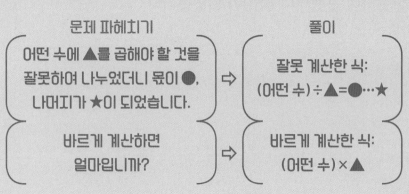

● 문제를 읽고 해결하기

어떤 수에 4를 곱해야 할 것을 잘못하여 나누었더니 몫이 7, 나머지가 3이 되었습니다. 바르게 계산하면 얼마입니까?

어떤 수
풀이 $\square \div 4 = 7 \cdots 3$

$\Rightarrow 4 \times 7 = 28, 28 + 3 = 31 \rightarrow \square = 31$

따라서 바르게 계산하면
$31 \times 4 = 124$입니다.

답 124

1 어떤 수에 6을 곱해야 할 것을 잘못하여 나누었더니
몫이 6, 나머지가 2가 되었습니다. 바르게 계산하면 얼마입니까?

✎ 풀이 공간

어떤 수
$\blacksquare \div 6 = \boxed{} \cdots \boxed{}$

$\Rightarrow 6 \times \boxed{} = 36,\ 36 + \boxed{} = \boxed{} \rightarrow \blacksquare = \boxed{}$

따라서 바르게 계산하면 $\boxed{} \times 6 = \boxed{}$ 입니다.

답 : _____

2 어떤 수에 9를 곱해야 할 것을 잘못하여 나누었더니
몫이 25, 나머지가 6이 되었습니다. 바르게 계산하면 얼마입니까?

어떤 수
$\blacksquare \div 9 = \boxed{} \cdots \boxed{}$

$\Rightarrow 9 \times \boxed{} = 225,\ 225 + \boxed{} = \boxed{} \rightarrow \blacksquare = \boxed{}$

따라서 바르게 계산하면 $\boxed{} \times 9 = \boxed{}$ 입니다.

답 : _____

❸ 어떤 수에 8을 곱해야 할 것을 잘못하여 나누었더니
몫이 4, 나머지가 3이 되었습니다. 바르게 계산하면 얼마입니까?

답 : _____

❹ 어떤 수에 5를 곱해야 할 것을 잘못하여 나누었더니
몫이 15, 나머지가 1이 되었습니다. 바르게 계산하면 얼마입니까?

답 : _____

❺ 어떤 수에 7을 곱해야 할 것을 잘못하여 나누었더니
몫이 36, 나머지가 2가 되었습니다. 바르게 계산하면 얼마입니까?

답 : _____

o 계산해 보시오.

1

$$2 \overline{)5\ 0}$$

2

$$2 \overline{)6\ 6}$$

3

$$5 \overline{)7\ 5}$$

4

$$4 \overline{)8\ 3}$$

5

$$6 \overline{)9\ 4}$$

6

$$7 \overline{)6\ 0\ 9}$$

7

$$9 \overline{)8\ 3\ 5}$$

8 $52 \div 2 =$

9 $68 \div 3 =$

10 $93 \div 2 =$

11 $279 \div 9 =$

12 $940 \div 8 =$

o 계산해 보고 계산 결과가 맞는지 확인해 보시오.

13 $39 \div 4 =$

확인 _____

14 $193 \div 7 =$

확인 _____

15 책 92권을 책꽂이 4칸에 똑같이 나누어 꽂으려고 합니다. 책을 한 칸에 몇 권씩 꽂아야 합니까?

식 _____

답 _____

18 수 카드 3장을 한 번씩만 사용하여 몫이 가장 큰 (몇십몇)÷(몇)을 만들고 계산해 보시오.

8 5 7

식 _____

16 과자 156개를 한 명에게 8개씩 나누어 주려고 합니다. 과자를 몇 명에게 나누어 줄 수 있고, 몇 개가 남습니까?

식 _____

답 _____ 명에게 나누어 줄 수 있고,

_____ 개가 남습니다.

19 어떤 수를 6으로 나누어야 할 것을 잘못하여 곱했더니 432가 되었습니다. 바르게 계산하면 몫은 얼마입니까?

(_____)

17 한 봉지에 12개씩 들어 있는 토마토가 7봉지 있습니다. 이 토마토를 6상자에 똑같이 나누어 담는다면 한 상자에 몇 개씩 담을 수 있습니까?

(_____)

20 어떤 수에 7을 곱해야 할 것을 잘못하여 나누었더니 몫이 12, 나머지가 4가 되었습니다. 바르게 계산하면 얼마입니까?

(_____)

원

● 맞힌 개수와 걸린 시간을 작성해 보세요.

1 원의 중심, 반지름, 지름

원의 **가장 안쪽**에 있는 점

→ **원의 중심**

원의 중심과 원 위의 한 **점**을 이은 선분

→ 원의 **반지름**

원 위의 **두 점**을 **원의 중심**을 지나도록

이은 선분 → 원의 **지름**

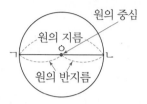

● 원의 중심, 반지름, 지름

원의 중심	원의 가장 안쪽에 있는 점 ㅇ
원의 **반지름**	원의 중심 ㅇ과 원 위의 한 점을 이은 선분 → 선분 ㅇㄱ, 선분 ㅇㄴ
원의 **지름**	원 위의 두 점을 원의 중심 ㅇ을 지나도록 이은 선분 → 선분 ㄱㄴ

참고 • 한 원에서 원의 반지름은 모두 같습니다.
• 한 원에서 원의 지름은 모두 같습니다.

○ 원의 중심을 찾아 써 보시오.

 ❶
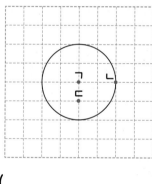

( )

❸
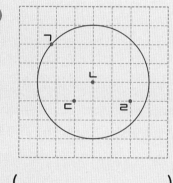

( )

❺
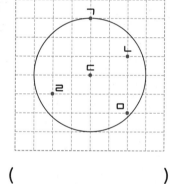

( )

❷
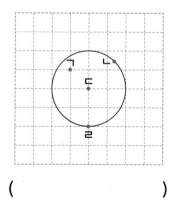

( )

❹
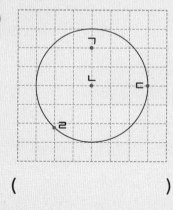

( )

❻
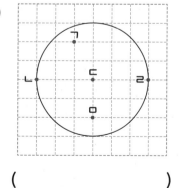

( )

○ 원의 반지름과 지름은 각각 몇 cm인지 구해 보시오.

○ ☐ 안에 알맞은 수를 써넣으시오.

7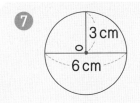

반지름 (   )
지름 (   )

11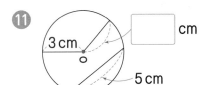

8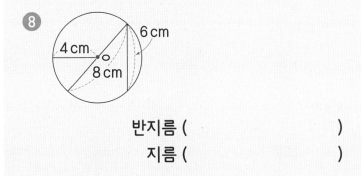

반지름 (   )
지름 (   )

12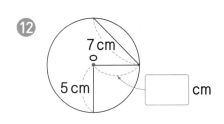

9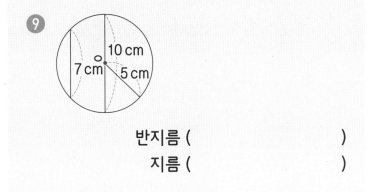

반지름 (   )
지름 (   )

13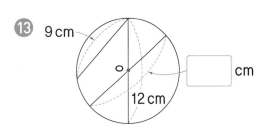

10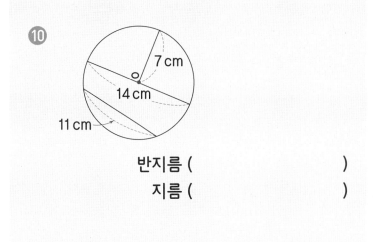

반지름 (   )
지름 (   )

14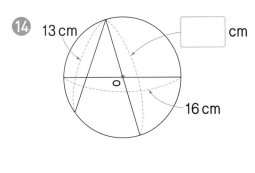

● 원의 지름의 성질

· 원의 지름은 원을 둘로 똑같이 나눕니다.

원의 지름

· 원의 지름은 원 안에 그을 수 있는 가장 긴 선분입니다.

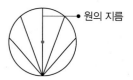

● 원의 지름

원의 **지름**은

원을 둘로 **똑같이 나누고,**

원 안에 그을 수 있는 선분 중에서

가장 길어!

○ 길이가 가장 긴 선분과 원의 지름을 나타내는 선분을 각각 찾아 써 보시오.

①

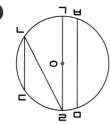

가장 긴 선분 (   )

원의 지름 (   )

②

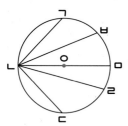

가장 긴 선분 (   )

원의 지름 (   )

③

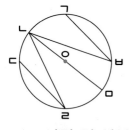

가장 긴 선분 (   )

원의 지름 (   )

④

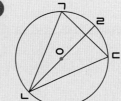

가장 긴 선분 (   )

원의 지름 (   )

⑤

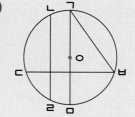

가장 긴 선분 (   )

원의 지름 (   )

⑥

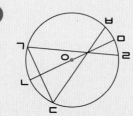

가장 긴 선분 (   )

원의 지름 (   )

3 원의 지름과 반지름 사이의 관계　　　　　　　　**3단원**

- 원의 지름과 반지름 사이의 관계
- 한 원에서 지름은 반지름의 2배입니다.
- 한 원에서 반지름은 지름의 반입니다.

(지름)=(반지름)×2
(반지름)=(지름)÷2

2일 차

○ 원의 반지름과 지름은 각각 몇 cm인지 구해 보시오.

❼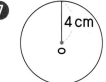

반지름 (　　　　　　　　)
지름 (　　　　　　　　)

❿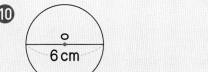

반지름 (　　　　　　　　)
지름 (　　　　　　　　)

❽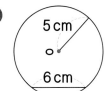

반지름 (　　　　　　　　)
지름 (　　　　　　　　)

⓫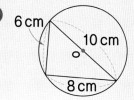

반지름 (　　　　　　　　)
지름 (　　　　　　　　)

❾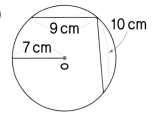

반지름 (　　　　　　　　)
지름 (　　　　　　　　)

⓬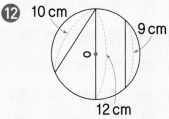

반지름 (　　　　　　　　)
지름 (　　　　　　　　)

4 컴퍼스를 이용하여 원 그리기

① **원의 중심**이 되는 **점**을 정해!

② **컴퍼스**를 원의 **반지름**만큼 벌려!

③ 컴퍼스의 **침을 원의 중심**이 되는 점에 꽂고 **원을 그려!**

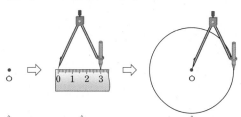

- 컴퍼스를 이용하여 점 ㅇ을 중심으로 하고 반지름이 **3 cm**인 원 그리기

원의 중심이 되는 점 ㅇ을 정합니다.

컴퍼스를 원의 반지름인 3cm 만큼 벌립니다.

컴퍼스의 침을 점 ㅇ에 꽂고 원을 그립니다.

○ 점 ㅇ을 중심으로 하고 반지름과 지름이 다음과 같은 원을 그려 보시오.

① 반지름: 2 cm

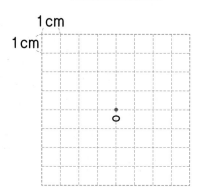

③ 지름: 2 cm

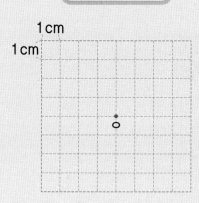

② 반지름: 3 cm

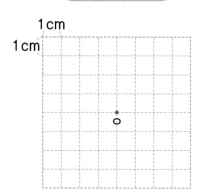

④ 지름: 6 cm

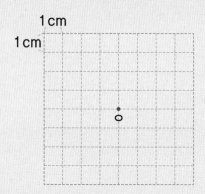

5 규칙을 찾아 원 그리기

원의 중심과 **반지름**이 **변하는 규칙**을 찾아 원을 그려!

● 규칙을 찾아 원 그리기

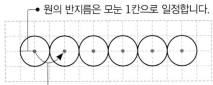

원의 반지름은 모눈 1칸으로 일정합니다.

원의 중심은 오른쪽으로 모눈 2칸씩 이동합니다.

규칙 원의 반지름은 변하지 않고, 원의 중심은 오른쪽으로 모눈 2칸씩 이동합니다.

○ 규칙을 찾아 원을 2개 더 그려 보시오.

❺
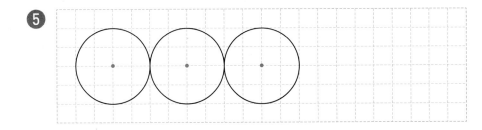

❻
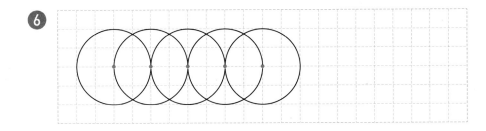

❼
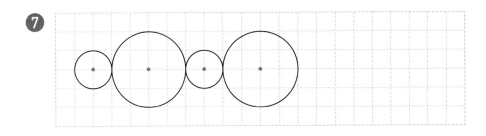

모양을 그릴 때, 컴퍼스의 침을 꽂아야 할 곳 찾기

컴퍼스의 침을 꽂아야 할 곳

↓

원의 중심

 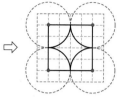
○ 주어진 모양을 그리기 위하여 컴퍼스의 침을 꽂아야 할 곳은 모두 몇 군데인지 구해 보시오.

❶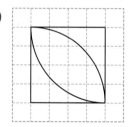

(   )

❹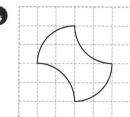

(   )

❷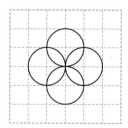

(   )

❺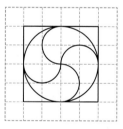

(   )

❸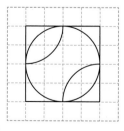

(   )

❻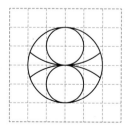

(   )

7 크기가 다른 원을 맞닿게 그렸을 때 선분의 길이 구하기

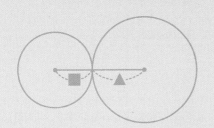

(선분의 길이)=(두 원의 **반지름의 합**)
=■+▲

● 반지름이 **4 cm**인 원과 반지름이 **6 cm**인 원을 맞닿게 그렸을 때 선분 ㄱㄴ의 길이 구하기

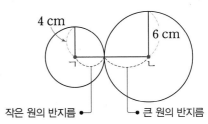

작은 원의 반지름 ● ● 큰 원의 반지름

⇨ (선분 ㄱㄴ)=(작은 원의 반지름)+(큰 원의 반지름)
=4+6=10(cm)

○ 선분 ㄱㄴ의 길이는 몇 cm인지 구해 보시오.

❼
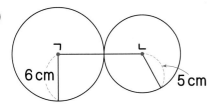
6 cm
5 cm

( )

❽
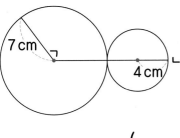
7 cm
4 cm

( )

❾
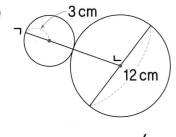
3 cm
12 cm

( )

❿
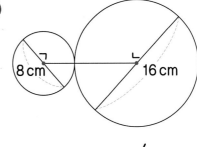
8 cm
16 cm

( )

⓫
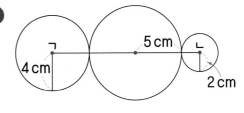
4 cm
5 cm
2 cm

( )

⓬
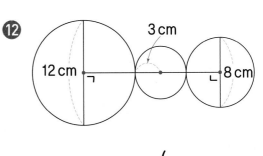
12 cm
3 cm
8 cm

( )

8 큰 원 안에 맞닿아 있는 크기가 같은 작은 원의 반지름 구하기

큰 원의 반지름이
작은 원의 반지름의 ■배일 때

⬇

(작은 원의 반지름)＝(큰 원의 반지름)÷■

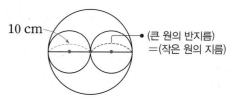

● 큰 원 안에 맞닿아 있는 크기가 같은 작은 원의
반지름 구하기

10 cm ─── ● (큰 원의 반지름)
＝(작은 원의 지름)

(큰 원의 반지름)＝(작은 원의 반지름)×2
⇨ (작은 원의 반지름)＝(큰 원의 반지름)÷2
＝10÷2＝5(cm)

○ 큰 원 안에 크기가 같은 작은 원을 맞닿게 그렸습니다.
작은 원의 반지름은 몇 cm인지 구해 보시오.

❶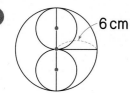
6 cm

(   )

❹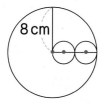
16 cm

(   )

❷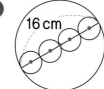
8 cm

(   )

❺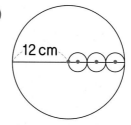
12 cm

(   )

❸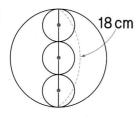
18 cm

(   )

❻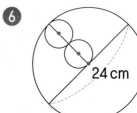
24 cm

(   )

9 크기가 같은 원의 중심을 이어 만든 도형의
모든 변의 길이의 합 구하기

만든 도형의 각 변의 길이가
원의 반지름의 ■배일 때

↓

(만든 도형의 각 변의 길이)
=(원의 반지름)×■

● 크기가 같은 원 **3**개의 중심을 이어 만든 삼각형의 모든
변의 길이의 합 구하기

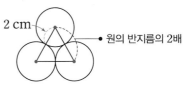

2 cm ⟶ ● 원의 반지름의 2배

(삼각형의 한 변의 길이)=(원의 반지름)×2
            =2×2=4(cm)
⇨ (삼각형의 세 변의 길이의 합)=4+4+4=12(cm)

○ 크기가 같은 원의 중심을 이어 도형을 만들었습니다.
만든 도형의 모든 변의 길이의 합은 몇 cm인지 구해 보시오.

❼ 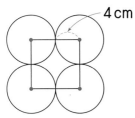 ⟵ 4 cm

(   )

❿  ⟵ 5 cm

(   )

❽ 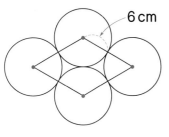 ⟵ 6 cm

(   )

⓫ 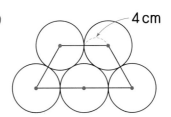 ⟵ 4 cm

(   )

❾ 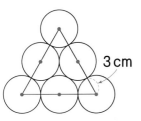 ⟵ 3 cm

(   )

⓬ 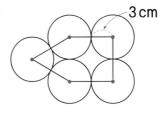 ⟵ 3 cm

(   )

○ ⬚ 안에 알맞은 수를 써넣으시오.

1
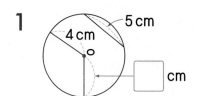

⬚ cm

2
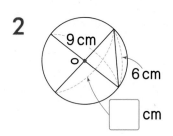

⬚ cm

○ 길이가 가장 긴 선분과 원의 지름을 나타내는 선분을 각각 찾아 써 보시오.

3
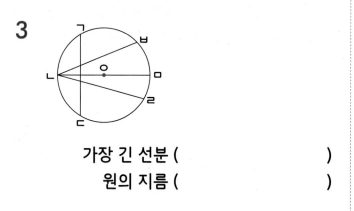

가장 긴 선분 (   )

원의 지름 (   )

4
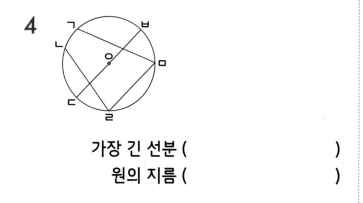

가장 긴 선분 (   )

원의 지름 (   )

○ 원의 반지름과 지름은 각각 몇 cm인지 구해 보시오.

5
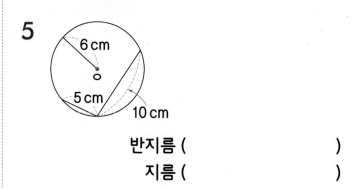

반지름 (   )

지름 (   )

6
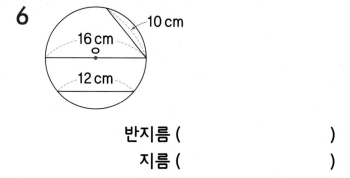

반지름 (   )

지름 (   )

○ 규칙을 찾아 원을 2개 더 그려 보시오.

7
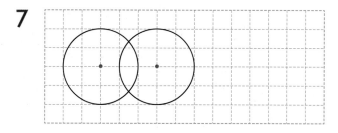

8
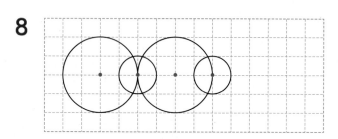

○ 주어진 모양을 그리기 위하여 컴퍼스의 침을 꽂아야 할 곳은 모두 몇 군데인지 구해 보시오.

9

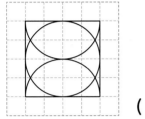

(   )

10

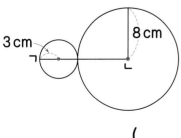

(   )

○ 선분 ㄱㄴ의 길이는 몇 cm인지 구해 보시오.

11

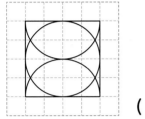
5 cm
ㄱ
ㄴ
7 cm

(   )

12

3 cm
ㄱ
8 cm
ㄴ

(   )

○ 큰 원 안에 크기가 같은 작은 원을 맞닿게 그렸습니다. 작은 원의 반지름은 몇 cm인지 구해 보시오.

13

12 cm

(   )

14

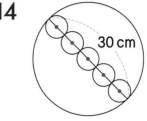
30 cm

(   )

○ 크기가 같은 원의 중심을 이어 도형을 만들었습니다. 만든 도형의 모든 변의 길이의 합은 몇 cm인지 구해 보시오.

15

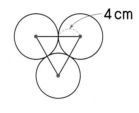
4 cm

(   )

16

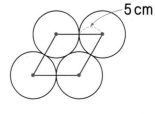
5 cm

(   )

4

분수

◆ 맞힌 개수와 걸린 시간을 작성해 보세요.

학습 내용	일 차	맞힌 개수	걸린 시간
⑩ 나눗셈과 곱셈을 이용하여 자연수의 분수만큼 구하기	8일 차	/18개	/14분
⑪ 부분의 양을 이용하여 전체의 양 구하기			
⑫ 수 카드로 만든 대분수를 가분수로 나타내기	9일 차	/12개	/18분
⑬ 수 카드로 만든 가분수를 대분수로 나타내기			
⑭ 분모가 같은 가분수와 대분수의 크기 비교 문장제	10일 차	/5개	/4분
⑮ 남은 수를 구하는 문장제	11일 차	/5개	/5분
⑯ 부분의 양을 이용하여 전체의 양을 구하는 문장제	12일 차	/5개	/7분
평가 4. 분수	13일 차	/18개	/20분

1 부분은 전체의 얼마인지 분수로 나타내기

2는 6을
똑같이 3으로 나눈 것 중의 1

↓

2는 6의 $\frac{1}{3}$

● 부분은 전체의 얼마인지 분수로 나타내기

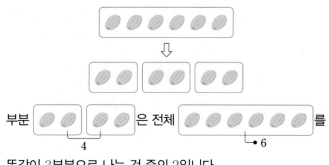

부분 □□ □ 은 전체 □□□□□□ 를
똑같이 3부분으로 나눈 것 중의 2입니다.

⇨ 4는 6의 $\frac{2}{3}$ 입니다.

○ 그림을 보고 □ 안에 알맞은 수를 써넣으시오.

1

12를 2씩 묶으면 □ 묶음이 됩니다.

2는 12의 $\frac{□}{□}$ 입니다.

2

15를 3씩 묶으면 □ 묶음이 됩니다.

6은 15의 $\frac{□}{□}$ 입니다.

3

21을 7씩 묶으면 □ 묶음이 됩니다.

14는 21의 $\frac{□}{□}$ 입니다.

4

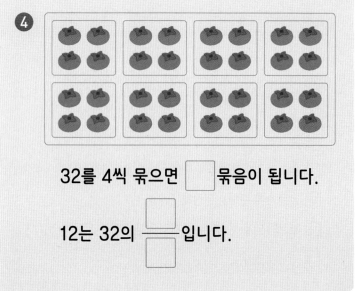

32를 4씩 묶으면 □ 묶음이 됩니다.

12는 32의 $\frac{□}{□}$ 입니다.

○ 그림을 보고 ☐ 안에 알맞은 수를 써넣으시오.

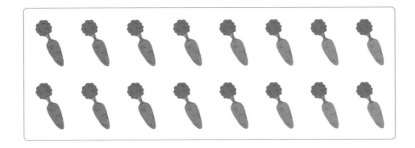

❺ 16을 8씩 묶으면 ☐ 묶음이 됩니다. 8은 16의 $\dfrac{\Box}{\Box}$ 입니다.

❻ 16을 4씩 묶으면 ☐ 묶음이 됩니다. 12는 16의 $\dfrac{\Box}{\Box}$ 입니다.

○ 그림을 보고 ☐ 안에 알맞은 수를 써넣으시오.

❼ 24를 8씩 묶으면 ☐ 묶음이 됩니다. 16은 24의 $\dfrac{\Box}{\Box}$ 입니다.

❽ 24를 4씩 묶으면 ☐ 묶음이 됩니다. 20은 24의 $\dfrac{\Box}{\Box}$ 입니다.

② 자연수에 대한 분수만큼 알아보기

$$■의 \frac{▲}{●}$$

↓

■를 똑같이 ●묶음으로
나눈 것 중의 ▲묶음

● 자연수에 대한 분수만큼 알아보기

- 8의 $\frac{1}{4}$: 8을 똑같이 4묶음으로 나눈 것 중의 1묶음 ⇨ 2
- 8의 $\frac{2}{4}$: 8을 똑같이 4묶음으로 나눈 것 중의 2묶음 ⇨ 4

○ 그림을 보고 ☐ 안에 알맞은 수를 써넣으시오.

❶

6의 $\frac{1}{3}$ 은 ☐ 입니다. 6의 $\frac{2}{3}$ 는 ☐ 입니다.

❷

10의 $\frac{1}{5}$ 은 ☐ 입니다. 10의 $\frac{3}{5}$ 은 ☐ 입니다.

❸
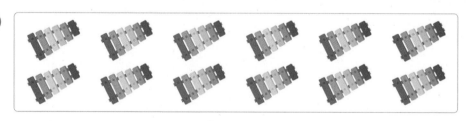

12의 $\frac{1}{4}$ 은 ☐ 입니다. 12의 $\frac{3}{4}$ 은 ☐ 입니다.

④

18의 $\frac{1}{9}$ 은 ☐ 입니다. 18의 $\frac{7}{9}$ 은 ☐ 입니다.

⑤

20의 $\frac{1}{5}$ 은 ☐ 입니다. 20의 $\frac{2}{5}$ 는 ☐ 입니다.

⑥

24의 $\frac{1}{8}$ 은 ☐ 입니다. 24의 $\frac{5}{8}$ 는 ☐ 입니다.

⑦

30의 $\frac{1}{6}$ 은 ☐ 입니다. 30의 $\frac{5}{6}$ 는 ☐ 입니다.

③ 길이에 대한 분수만큼 알아보기

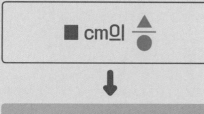

■ cm의 $\dfrac{\blacktriangle}{\bullet}$

↓

■ cm를 똑같이 ●칸으로
나눈 것 중의 ▲칸

● 길이에 대한 분수만큼 알아보기

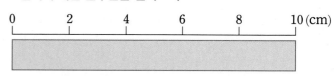

· 10 cm의 $\dfrac{1}{5}$: 10 cm를 똑같이 5칸으로 나눈 것 중의 1칸
  ⇨ 2 cm
· 10 cm의 $\dfrac{3}{5}$: 10 cm를 똑같이 5칸으로 나눈 것 중의 3칸
  ⇨ 6 cm

○ 그림을 보고 ☐ 안에 알맞은 수를 써넣으시오.

❶

9 cm의 $\dfrac{1}{3}$ 은 ☐ cm입니다. 9 cm의 $\dfrac{2}{3}$ 는 ☐ cm입니다.

❷

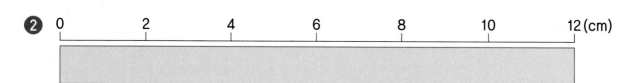

12 cm의 $\dfrac{1}{6}$ 은 ☐ cm입니다. 12 cm의 $\dfrac{5}{6}$ 는 ☐ cm입니다.

❸

15 cm의 $\dfrac{1}{5}$ 은 ☐ cm입니다. 15 cm의 $\dfrac{2}{5}$ 는 ☐ cm입니다.

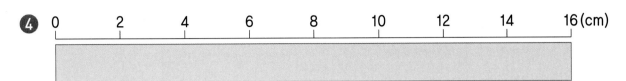

16 cm의 $\frac{1}{8}$ 은 ☐ cm입니다. 16 cm의 $\frac{3}{8}$ 은 ☐ cm입니다.

25 cm의 $\frac{1}{5}$ 은 ☐ cm입니다. 25 cm의 $\frac{4}{5}$ 는 ☐ cm입니다.

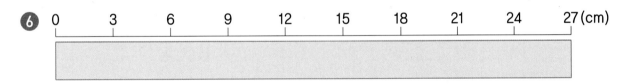

27 cm의 $\frac{1}{9}$ 은 ☐ cm입니다. 27 cm의 $\frac{8}{9}$ 은 ☐ cm입니다.

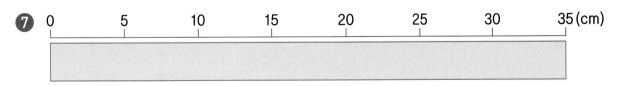

35 cm의 $\frac{1}{7}$ 은 ☐ cm입니다. 35 cm의 $\frac{5}{7}$ 는 ☐ cm입니다.

$$(분자) < (분모) \rightarrow 진분수$$

$$(분자) = (분모) \text{ 또는}$$

$$(분자) > (분모) \rightarrow 가분수$$

자연수와 **진분수**로 이루어진 분수

$$\rightarrow 대분수$$

● 분수의 종류
- **진분수**: 분자가 분모보다 작은 분수
- **가분수**: 분자가 분모와 같거나 분모보다 큰 분수
- **대분수**: 자연수와 진분수로 이루어진 분수

진분수	가분수	대분수
$\dfrac{1}{4}$, $\dfrac{2}{4}$, $\dfrac{3}{4}$	$\dfrac{4}{4}$, $\dfrac{5}{4}$, $\dfrac{6}{4}$	$1\dfrac{3}{4}$ (읽기 1과 4분의 3)

● 자연수

자연수: 1, 2, 3과 같은 수

참고 $\dfrac{4}{4}$와 같이 분자와 분모가 같은 분수는 1과 같습니다.

○ 진분수는 '진', 가분수는 '가', 대분수는 '대'를 써 보시오.

1 $\dfrac{1}{3}$ (   )

2 $\dfrac{4}{4}$ (   )

3 $2\dfrac{1}{4}$ (   )

4 $\dfrac{2}{5}$ (   )

5 $1\dfrac{5}{6}$ (   )

6 $\dfrac{4}{7}$ (   )

7 $\dfrac{15}{7}$ (   )

8 $\dfrac{17}{8}$ (   )

9 $\dfrac{5}{9}$ (   )

10 $1\dfrac{2}{9}$ (   )

11 $3\dfrac{9}{10}$ (   )

12 $\dfrac{41}{10}$ (   )

13 $\dfrac{4}{11}$ (   )

14 $1\dfrac{5}{12}$ (   )

15 $\dfrac{13}{13}$ (   )

○ 진분수, 가분수, 대분수로 분류해 보시오.

⑯

$$\frac{5}{8} \qquad 2\frac{1}{6} \qquad \frac{13}{5} \qquad 3\frac{1}{4} \qquad \frac{20}{9} \qquad \frac{3}{7} \qquad \frac{5}{3} \qquad \frac{7}{10}$$

진분수	가분수	대분수

⑰

$$\frac{1}{4} \qquad 1\frac{2}{3} \qquad \frac{9}{5} \qquad 3\frac{4}{7} \qquad \frac{7}{2} \qquad \frac{7}{9} \qquad 4\frac{3}{8} \qquad \frac{2}{11}$$

진분수	가분수	대분수

⑱

$$\frac{6}{6} \qquad \frac{5}{7} \qquad 5\frac{2}{5} \qquad \frac{16}{9} \qquad 1\frac{3}{4} \qquad \frac{4}{9} \qquad 3\frac{8}{13} \qquad \frac{3}{5}$$

진분수	가분수	대분수

⑲

$$1\frac{5}{8} \qquad \frac{9}{14} \qquad \frac{5}{5} \qquad \frac{9}{2} \qquad 2\frac{7}{10} \qquad \frac{2}{7} \qquad 1\frac{4}{15} \qquad \frac{13}{12}$$

진분수	가분수	대분수

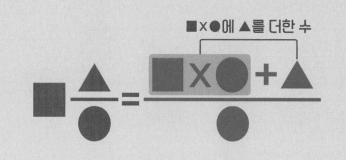

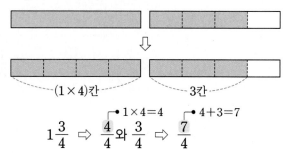

○ 대분수를 가분수로 나타내어 보시오.

1 $2\dfrac{1}{2}=$

2 $1\dfrac{2}{3}=$

3 $4\dfrac{1}{4}=$

4 $2\dfrac{2}{5}=$

5 $4\dfrac{5}{6}=$

6 $3\dfrac{4}{7}=$

7 $4\dfrac{5}{7}=$

8 $2\dfrac{3}{8}=$

9 $4\dfrac{5}{8}=$

10 $2\dfrac{7}{9}=$

11 $3\dfrac{1}{10}=$

12 $2\dfrac{7}{12}=$

13 $1\dfrac{5}{14}=$

14 $2\dfrac{1}{18}=$

15 $2\dfrac{4}{21}=$

6 **가분수를 대분수로 나타내기**

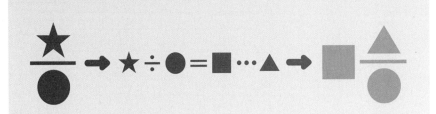

• $\frac{5}{3}$를 대분수로 나타내기

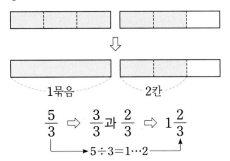

1묶음   2칸

$$\frac{5}{3} \Rightarrow \frac{3}{3}과 \frac{2}{3} \Rightarrow 1\frac{2}{3}$$

$5 \div 3 = 1 \cdots 2$

○ 가분수를 대분수로 나타내어 보시오.

⑯ $\frac{3}{2} =$

㉑ $\frac{22}{7} =$

㉖ $\frac{24}{11} =$

⑰ $\frac{4}{3} =$

㉒ $\frac{17}{8} =$

㉗ $\frac{17}{12} =$

⑱ $\frac{11}{4} =$

㉓ $\frac{23}{8} =$

㉘ $\frac{31}{14} =$

⑲ $\frac{19}{5} =$

㉔ $\frac{14}{9} =$

㉙ $\frac{19}{16} =$

⑳ $\frac{19}{6} =$

㉕ $\frac{17}{10} =$

㉚ $\frac{43}{20} =$

7 분모가 같은 가분수의 크기 비교

분모가 같은
가분수는
분자가 클수록 더 커!

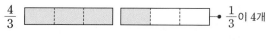

● 분모가 같은 가분수의 크기 비교

$\frac{4}{3}$와 $\frac{5}{3}$의 크기 비교

$\frac{4}{3}$ ── $\frac{1}{3}$이 4개

$\frac{5}{3}$ ── $\frac{1}{3}$이 5개

$\frac{4}{3}$, $\frac{5}{3}$ ⇨ 4<5 ⇨ $\frac{4}{3}$<$\frac{5}{3}$

두 분수의 분자

○ 가분수의 크기를 비교하여 ◯ 안에 >, <를 알맞게 써넣으시오.

❶ $\frac{3}{2}$ ◯ $\frac{7}{2}$

❷ $\frac{8}{3}$ ◯ $\frac{4}{3}$

❸ $\frac{9}{5}$ ◯ $\frac{13}{5}$

❹ $\frac{8}{6}$ ◯ $\frac{6}{6}$

❺ $\frac{10}{7}$ ◯ $\frac{12}{7}$

❻ $\frac{20}{8}$ ◯ $\frac{13}{8}$

❼ $\frac{11}{9}$ ◯ $\frac{15}{9}$

❽ $\frac{15}{10}$ ◯ $\frac{16}{10}$

❾ $\frac{35}{12}$ ◯ $\frac{29}{12}$

❿ $\frac{16}{13}$ ◯ $\frac{20}{13}$

⓫ $\frac{23}{15}$ ◯ $\frac{15}{15}$

⓬ $\frac{30}{19}$ ◯ $\frac{37}{19}$

⓭ $\frac{34}{20}$ ◯ $\frac{27}{20}$

⓮ $\frac{25}{22}$ ◯ $\frac{30}{22}$

⓯ $\frac{28}{25}$ ◯ $\frac{27}{25}$

8 분모가 같은 대분수의 크기 비교

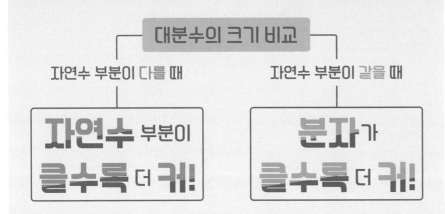

- 분모가 같은 대분수의 크기 비교
- 자연수 부분이 클수록 더 큽니다.

$$1\frac{3}{4} < 2\frac{1}{4}$$
$$1<2$$

- 자연수 부분이 같으면 분자가 클수록 더 큽니다.

$$4>3$$
$$1\frac{4}{5} > 1\frac{3}{5}$$

○ 대분수의 크기를 비교하여 ◯ 안에 >, <를 알맞게 써넣으시오.

⑯ $2\frac{1}{2}$ ◯ $1\frac{1}{2}$

⑰ $2\frac{1}{3}$ ◯ $2\frac{2}{3}$

⑱ $2\frac{2}{5}$ ◯ $1\frac{4}{5}$

⑲ $4\frac{1}{6}$ ◯ $4\frac{5}{6}$

⑳ $3\frac{5}{7}$ ◯ $3\frac{1}{7}$

㉑ $4\frac{1}{8}$ ◯ $1\frac{3}{8}$

㉒ $2\frac{4}{9}$ ◯ $2\frac{5}{9}$

㉓ $3\frac{3}{10}$ ◯ $3\frac{7}{10}$

㉔ $5\frac{6}{11}$ ◯ $1\frac{10}{11}$

㉕ $2\frac{3}{14}$ ◯ $5\frac{9}{14}$

㉖ $4\frac{8}{15}$ ◯ $4\frac{4}{15}$

㉗ $5\frac{5}{18}$ ◯ $2\frac{5}{18}$

㉘ $2\frac{2}{21}$ ◯ $4\frac{4}{21}$

㉙ $2\frac{5}{24}$ ◯ $2\frac{7}{24}$

㉚ $3\frac{9}{28}$ ◯ $3\frac{11}{28}$

가분수를 대분수로 나타내거나 대분수를 가분수로 나타내어 크기를 비교해!

• $\frac{9}{4}$와 $1\frac{3}{4}$의 크기 비교

방법1 가분수를 대분수로 나타내어 분수의 크기 비교하기

$\frac{9}{4}=2\frac{1}{4}$이므로 $2\frac{1}{4}>1\frac{3}{4}$

$\Rightarrow \frac{9}{4}>1\frac{3}{4}$

방법2 대분수를 가분수로 나타내어 분수의 크기 비교하기

$1\frac{3}{4}=\frac{7}{4}$이므로 $\frac{9}{4}>\frac{7}{4}$

$\Rightarrow \frac{9}{4}>1\frac{3}{4}$

○ 분수의 크기를 비교하여 ◯ 안에 >, =, <를 알맞게 써넣으시오.

❶ $\frac{5}{2}$ ◯ $3\frac{1}{2}$

❷ $\frac{7}{3}$ ◯ $2\frac{2}{3}$

❸ $\frac{9}{4}$ ◯ $2\frac{1}{4}$

❹ $\frac{13}{5}$ ◯ $1\frac{3}{5}$

❺ $\frac{17}{6}$ ◯ $2\frac{1}{6}$

❻ $\frac{17}{7}$ ◯ $2\frac{5}{7}$

❼ $\frac{14}{9}$ ◯ $3\frac{1}{9}$

❽ $\frac{19}{10}$ ◯ $1\frac{7}{10}$

❾ $\frac{25}{11}$ ◯ $4\frac{2}{11}$

❿ $\frac{20}{12}$ ◯ $1\frac{7}{12}$

⓫ $\frac{25}{14}$ ◯ $1\frac{5}{14}$

⓬ $\frac{32}{15}$ ◯ $2\frac{2}{15}$

⓭ $\frac{40}{19}$ ◯ $1\frac{4}{19}$

⓮ $\frac{33}{24}$ ◯ $1\frac{7}{24}$

⓯ $\frac{71}{25}$ ◯ $3\frac{3}{25}$

⑯ $2\dfrac{1}{2}$ ◯ $\dfrac{9}{2}$

⑰ $1\dfrac{2}{3}$ ◯ $\dfrac{8}{3}$

⑱ $1\dfrac{1}{4}$ ◯ $\dfrac{7}{4}$

⑲ $1\dfrac{1}{5}$ ◯ $\dfrac{9}{5}$

⑳ $2\dfrac{2}{5}$ ◯ $\dfrac{8}{5}$

㉑ $3\dfrac{1}{6}$ ◯ $\dfrac{20}{6}$

㉒ $4\dfrac{5}{6}$ ◯ $\dfrac{23}{6}$

㉓ $1\dfrac{4}{7}$ ◯ $\dfrac{13}{7}$

㉔ $2\dfrac{3}{7}$ ◯ $\dfrac{19}{7}$

㉕ $2\dfrac{1}{8}$ ◯ $\dfrac{15}{8}$

㉖ $1\dfrac{5}{9}$ ◯ $\dfrac{16}{9}$

㉗ $2\dfrac{7}{10}$ ◯ $\dfrac{21}{10}$

㉘ $3\dfrac{3}{10}$ ◯ $\dfrac{27}{10}$

㉙ $1\dfrac{3}{11}$ ◯ $\dfrac{18}{11}$

㉚ $2\dfrac{5}{13}$ ◯ $\dfrac{24}{13}$

㉛ $1\dfrac{9}{14}$ ◯ $\dfrac{17}{14}$

㉜ $1\dfrac{2}{15}$ ◯ $\dfrac{19}{15}$

㉝ $2\dfrac{5}{16}$ ◯ $\dfrac{30}{16}$

㉞ $3\dfrac{7}{18}$ ◯ $\dfrac{50}{18}$

㉟ $1\dfrac{9}{20}$ ◯ $\dfrac{43}{20}$

㊱ $2\dfrac{1}{24}$ ◯ $\dfrac{50}{24}$

→ $⑦ ÷ ● × ▲$

① ②

• 8의 $\frac{3}{4}$은 얼마인지 구하기

$$8의 \frac{3}{4}$$

⇨ 8의 $\frac{1}{4}$의 3배

⇨ $8 ÷ 4 × 3 = 6$
　　2
　　　6

○ ☐ 안에 알맞은 수를 써넣으시오.

① 12의 $\frac{3}{4}$

⇨ $12 ÷ ☐ × ☐ = ☐$
　　　①
　　　②

② 14의 $\frac{3}{7}$

⇨ $14 ÷ ☐ × ☐ = ☐$

③ 15의 $\frac{4}{5}$

⇨ $15 ÷ ☐ × ☐ = ☐$

④ 18의 $\frac{5}{6}$

⇨ $18 ÷ ☐ × ☐ = ☐$

⑤ 21의 $\frac{2}{3}$

⇨ $21 ÷ ☐ × ☐ = ☐$

⑥ 36의 $\frac{2}{9}$

⇨ $36 ÷ ☐ × ☐ = ☐$

⑦ 42의 $\frac{5}{7}$

⇨ $42 ÷ ☐ × ☐ = ☐$

⑧ 56의 $\frac{3}{8}$

⇨ $56 ÷ ☐ × ☐ = ☐$

11 부분의 양을 이용하여 전체의 양 구하기

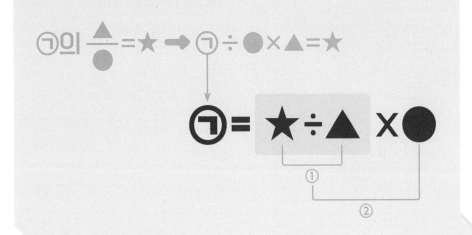

• '□의 $\frac{2}{3}$가 4'일 때 □의 값 구하기

$$\left(\square 의 \frac{2}{3}\right) = 4$$

⇨ □ ÷ 3 × 2 = 4

⇨ □ = 4 ÷ 2 × 3 = 6

○ □ 안에 알맞은 수를 써넣으시오.

9 □의 $\frac{1}{2}$은 2입니다.

10 □의 $\frac{4}{7}$는 8입니다.

11 □의 $\frac{3}{4}$은 9입니다.

12 □의 $\frac{3}{5}$은 9입니다.

13 □의 $\frac{2}{3}$는 12입니다.

14 □의 $\frac{5}{6}$는 15입니다.

15 □의 $\frac{6}{7}$는 18입니다.

16 □의 $\frac{3}{8}$은 21입니다.

17 □의 $\frac{8}{9}$은 24입니다.

18 □의 $\frac{9}{10}$는 27입니다.

수 카드로 만든 대분수를 가분수로 나타내기

세 수 ①, ②, ③이 ③ > ② > ①일 때

가장 큰 대분수

$$③\dfrac{①}{②}$$

↑
가장 큰 수

가장 작은 대분수

$$①\dfrac{②}{③}$$

↑
가장 작은 수

● 수 카드를 모두 한 번씩만 사용하여 만든 대분수를 가분수로 나타내기

• 가장 큰 대분수: $3\dfrac{1}{2} = \dfrac{7}{2}$
　　　　　　　↑
　　　　　가장 큰 수

• 가장 작은 대분수: $1\dfrac{2}{3} = \dfrac{5}{3}$
　　　　　　　　↑
　　　　　가장 작은 수

○ 수 카드를 모두 한 번씩만 사용하여 가장 큰 대분수 또는 가장 작은 대분수를 만들었습니다.
만든 대분수를 가분수로 나타내어 보시오.

❶

가장 큰 대분수: $\boxed{}\dfrac{\boxed{}}{\boxed{}} = \dfrac{\boxed{}}{\boxed{}}$

❹

가장 작은 대분수: $\boxed{}\dfrac{\boxed{}}{\boxed{}} = \dfrac{\boxed{}}{\boxed{}}$

❷

가장 큰 대분수: $\boxed{}\dfrac{\boxed{}}{\boxed{}} = \dfrac{\boxed{}}{\boxed{}}$

❺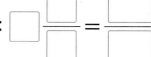

가장 작은 대분수: $\boxed{}\dfrac{\boxed{}}{\boxed{}} = \dfrac{\boxed{}}{\boxed{}}$

❸

가장 큰 대분수: $\boxed{}\dfrac{\boxed{}}{\boxed{}} = \dfrac{\boxed{}}{\boxed{}}$

❻

가장 작은 대분수: $\boxed{}\dfrac{\boxed{}}{\boxed{}} = \dfrac{\boxed{}}{\boxed{}}$

13 수 카드로 만든 가분수를 대분수로 나타내기

4단원

세 수 ①, ②, ③이 ③>②>①일 때

가장 큰 가분수 ➡ $\dfrac{③}{①}$

● 수 카드 중에서 2장을 골라 만든 가분수를
대분수로 나타내기

가장 큰 가분수: $\dfrac{5}{2} = 2\dfrac{1}{2}$
┌● 가장 큰 수
└● 가장 작은 수

○ 수 카드 중에서 2장을 골라 가장 큰 가분수를 만들었습니다.
만든 가분수를 대분수로 나타내어 보시오.

❼ 7 2 9

$\dfrac{\square}{\square} = \square\dfrac{\square}{\square}$

❿ 5 4 7

$\dfrac{\square}{\square} = \square\dfrac{\square}{\square}$

❽ 3 5 4

$\dfrac{\square}{\square} = \square\dfrac{\square}{\square}$

⓫ 9 5 6

$\dfrac{\square}{\square} = \square\dfrac{\square}{\square}$

❾ 8 7 3

$\dfrac{\square}{\square} = \square\dfrac{\square}{\square}$

⓬ 8 7 9

$\dfrac{\square}{\square} = \square\dfrac{\square}{\square}$

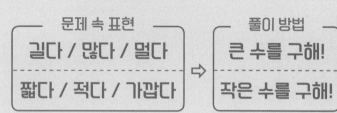

● 문제를 읽고 해결하기

철사를 민지는 $1\frac{5}{6}$ m 가지고 있고, 지훈이는 $\frac{7}{6}$ m 가지고 있습니다. 민지와 지훈이 중 더 짧은 철사를 가지고 있는 사람은 누구입니까?

풀이 민지가 가지고 있는 철사의 길이를 가분수로 나타내면 $1\frac{5}{6} = \frac{11}{6}$ 입니다.

⇨ $\frac{11}{6} > \frac{7}{6}$ 이므로 더 짧은 철사를 가지고 있는 사람은 지훈입니다.

답 지훈

---

1 서은이는 빨간색 테이프를 $1\frac{2}{3}$ m 가지고 있고,

파란색 테이프를 $\frac{4}{3}$ m 가지고 있습니다.

빨간색 테이프와 파란색 테이프 중 더 짧은 테이프는 무슨 색입니까?

✏️ 풀이 공간

빨간색 테이프의 길이를 가분수로 나타내면 $1\frac{2}{3} = \dfrac{\square}{3}$ 입니다.

⇨ $\dfrac{\square}{3}$ (빨간색) ◯ $\dfrac{4}{3}$ (파란색) 이므로 더 짧은 테이프는 [   ] 입니다.

답 : _____

---

2 공부를 건우는 $\frac{7}{5}$ 시간 동안 했고, 소미는 $1\frac{4}{5}$ 시간 동안 했습니다.

건우와 소미 중 공부를 더 오래한 사람은 누구입니까?

건우가 공부한 시간을 대분수로 나타내면 $\frac{7}{5} = \square\dfrac{\square}{5}$ 입니다.

⇨ $\square\dfrac{\square}{5}$ (건우) ◯ $1\frac{4}{5}$ (소미) 이므로

공부를 더 오래한 사람은 [   ] 입니다.

답 : _____

③ 하윤이가 책을 어제는 $2\frac{1}{6}$ 시간 동안 읽었고, 오늘은 $\frac{11}{6}$ 시간 동안 읽었습니다.

어제와 오늘 중 책을 더 오래 읽은 날은 언제입니까?

답 : _____

④ 지웅이네 집에서 학교까지의 거리는 $1\frac{3}{8}$ km이고, 도서관까지의 거리는 $\frac{13}{8}$ km입니다.

학교와 도서관 중 지웅이네 집에서 더 가까운 곳은 어디입니까?

답 : _____

⑤ 꽃병을 만드는 데 찰흙을 은우는 $\frac{20}{9}$ 개 사용했고, 미소는 $2\frac{4}{9}$ 개 사용했습니다.

은우와 미소 중 찰흙을 더 많이 사용한 사람은 누구입니까?

답 : _____

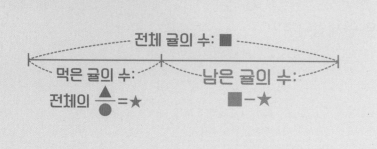

● 문제를 읽고 해결하기

진아네 집에 귤이 21개 있었습니다.

이 중에서 $\frac{3}{7}$을 진아가 먹었습니다.

진아가 먹고 남은 귤은 몇 개입니까?

풀이 먹은 귤은 21개의 $\frac{3}{7}$이므로 9개입니다.

⇨ (먹고 남은 귤의 수)=21-9=12(개)

답 12개

① 동욱이가 건전지를 6개 샀습니다. 이 중에서 $\frac{1}{3}$을 시계에 넣었습니다.

시계에 넣고 남은 건전지는 몇 개입니까?

✎ 풀이 공간

시계에 넣은 건전지는 6개의 $\frac{\boxed{}}{\boxed{}}$이므로 $\boxed{}$개입니다.

⇨ (시계에 넣고 남은 건전지 수)=6-$\boxed{}$=$\boxed{}$(개)

답 :

② 연우네 어머니께서 감자를 10개 사셨습니다. 이 중에서 카레를 만드는 데 $\frac{3}{5}$을 사용했습니다.

카레를 만들고 남은 감자는 몇 개입니까?

카레를 만드는 데 사용한 감자는 10개의 $\frac{\boxed{}}{\boxed{}}$이므로

$\boxed{}$개입니다.

⇨ (카레를 만들고 남은 감자 수)=10-$\boxed{}$=$\boxed{}$(개)

답 :

❸ 빵집에 단팥빵이 28개 있었습니다. 이 중에서 오전에 $\frac{1}{4}$을 팔았습니다.

오전에 팔고 남은 단팥빵은 몇 개입니까?

답 : _____

❹ 도윤이는 색종이를 40장 가지고 있었습니다. 이 중에서 $\frac{5}{8}$를 누나에게 주었습니다.

누나에게 주고 남은 색종이는 몇 장입니까?

답 : _____

❺ 길이가 42 cm인 끈이 있었습니다. 이 중에서 $\frac{5}{6}$를 사용하여 선물을 포장했습니다.

선물을 포장하고 남은 끈의 길이는 몇 cm입니까?

답 : _____

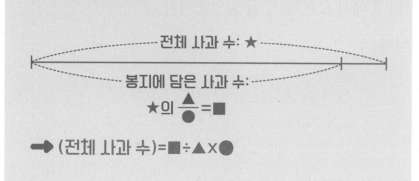

16 부분의 양을 이용하여 전체의 양을 구하는 문장제

● 문제를 읽고 해결하기

진규가 사과 14개를 봉지에 담았습니다.
진규가 봉지에 담은 사과 수가 전체 사과 수의
$\frac{7}{8}$일 때 전체 사과는 모두 몇 개입니까?

풀이 전체 사과 수를 ☐개라 하면
  ☐개의 $\frac{7}{8}$이 14개입니다.
  ⇨ ☐=14÷7×8=16

답 16개

1 가은이네 가족이 피자를 6조각 먹었습니다.

가은이네 가족이 먹은 피자 조각 수가 전체 피자 조각 수의 $\frac{3}{4}$일 때,

전체 피자는 모두 몇 조각입니까?

✎ 풀이 공간

전체 피자 조각 수를 ■조각이라 하면

■조각의 $\frac{3}{4}$이 ☐조각입니다.

⇨ ■=6÷3×4=☐

답 :

2 승원이네 반 여학생은 16명입니다.

여학생 수가 승원이네 반 학생 수의 $\frac{4}{7}$일 때, 승원이네 반 학생은 모두 몇 명입니까?

승원이네 반 학생 수를 ■명이라 하면

■명의 $\frac{4}{7}$가 ☐명입니다.

⇨ ■=16÷4×7=☐

답 :

❸ 종이 접기를 하는 데 색종이를 10장 사용했습니다.

종이 접기를 하는 데 사용한 색종이 수가 전체 색종이 수의 $\dfrac{5}{6}$ 일 때,

전체 색종이는 모두 몇 장입니까?

답 : _____

❹ 나비 모양을 만드는 데 철사를 28 cm 사용했습니다.

나비 모양을 만드는 데 사용한 철사 길이가 전체 철사 길이의 $\dfrac{4}{5}$ 일 때,

전체 철사 길이는 모두 몇 cm입니까?

답 : _____

❺ 수지가 오늘까지 푼 문제집의 쪽수는 32쪽입니다.

오늘까지 푼 문제집 쪽수가 문제집 전체 쪽수의 $\dfrac{2}{9}$ 일 때,

문제집 전체 쪽수는 모두 몇 쪽입니까?

답 : _____

○ 그림을 보고 ☐ 안에 알맞은 수를 써넣으시오.

1

12를 3씩 묶으면 ☐ 묶음이 됩니다.

3은 12의 $\dfrac{\ }{\ }$ 입니다.

2

16의 $\dfrac{1}{8}$ 은 ☐ 입니다.

16의 $\dfrac{3}{8}$ 은 ☐ 입니다.

○ 진분수는 '진', 가분수는 '가', 대분수는 '대'를 써 보시오.

3 $\dfrac{5}{4}$ (   )

4 $1\dfrac{3}{5}$ (   )

5 $\dfrac{6}{7}$ (   )

○ 대분수를 가분수로, 가분수를 대분수로 나타내어 보시오.

6 $2\dfrac{5}{6} =$

7 $1\dfrac{3}{7} =$

8 $\dfrac{9}{4} =$

9 $\dfrac{13}{8} =$

○ 분수의 크기를 비교하여 ◯ 안에 >, =, <를 알맞게 써넣으시오.

10 $\dfrac{5}{3}$ ◯ $\dfrac{8}{3}$

11 $3\dfrac{7}{9}$ ◯ $3\dfrac{2}{9}$

12 $\dfrac{12}{5}$ ◯ $2\dfrac{3}{5}$

13 ☐ 안에 알맞은 수를 써넣으시오.

$$\boxed{}\text{의 }\frac{3}{5}\text{은 6입니다.}$$

14 수 카드를 모두 한 번씩만 사용하여 가장 큰 대분수를 만들었습니다. 만든 대분수를 가분수로 나타내어 보시오.

2 7 5

(   )

15 수 카드 중에서 2장을 골라 가장 큰 가분수를 만들었습니다. 만든 가분수를 대분수로 나타내어 보시오.

7 4 3

(   )

16 지석이는 연필을 16자루 가지고 있었습니다. 이 중에서 $\frac{3}{8}$을 친구에게 주었습니다. 친구에게 주고 남은 연필은 몇 자루입니까?

(   )

17 수아네 집에서 공원까지의 거리는 $\frac{5}{4}$ km이고, 시장까지의 거리는 $1\frac{3}{4}$ km입니다. 공원과 시장 중에서 수아네 집과 더 가까운 곳은 어디입니까?

(   )

18 윤후네 반에서 안경을 낀 학생은 12명입니다. 안경을 낀 학생 수는 윤후네 반 학생 수의 $\frac{4}{9}$일 때, 윤후네 반 학생은 모두 몇 명입니까?

(   )

5

들이와 무게

학습 내용	일 차	맞힌 개수	걸린 시간
① 들이의 단위 1 L와 1 mL의 관계	1일 차	/22개	/6분
② 들이의 덧셈	2일 차	/22개	/12분
③ 들이의 뺄셈	3일 차	/22개	/12분
④ 들이의 합 구하기	4일 차	/16개	/12분
⑤ 들이의 차 구하기			
⑥ 들이의 덧셈식 완성하기	5일 차	/12개	/12분
⑦ 들이의 뺄셈식 완성하기			
⑧ 들이의 덧셈 문장제	6일 차	/5개	/7분
⑨ 들이의 뺄셈 문장제	7일 차	/5개	/7분
⑩ 들이의 덧셈과 뺄셈 문장제	8일 차	/5개	/9분

◆ 맞힌 개수와 걸린 시간을 작성해 보세요.

학습 내용	일 차	맞힌 개수	걸린 시간
⑪ 무게의 단위 1 kg, 1 g, 1 t의 관계	9일 차	/22개	/6분
⑫ 무게의 덧셈	10일 차	/22개	/12분
⑬ 무게의 뺄셈	11일 차	/22개	/12분
⑭ 무게의 합 구하기	12일 차	/16개	/12분
⑮ 무게의 차 구하기			
⑯ 무게의 덧셈식 완성하기	13일 차	/12개	/12분
⑰ 무게의 뺄셈식 완성하기			
⑱ 무게의 덧셈 문장제	14일 차	/5개	/7분
⑲ 무게의 뺄셈 문장제	15일 차	/5개	/7분
⑳ 무게의 덧셈과 뺄셈 문장제	16일 차	/5개	/9분
평가 5. 들이와 무게	17일 차	/20개	/22분

● 들이의 단위

들이의 단위에는 **리터**와 **밀리리터** 등이 있습니다.

쓰기	1 L	1 mL
읽기	1 리터	1 밀리리터
들이 단위 사이의 관계	1 L=1000 mL	

● '몇 L 몇 mL'와 '몇 mL'로 나타내기

1 L보다 500 mL 더 많은 들이

⇨ 쓰기 **1 L 500 mL**   읽기 **1 리터 500 밀리리터**

1 L 500 mL=1500 mL

1 L=1000 mL
리터   밀리리터

○ ☐ 안에 알맞은 수를 써넣으시오.

❶ 4 L= ☐ mL

❷ 7 L= ☐ mL

❸ 13 L= ☐ mL

❹ 36 L= ☐ mL

❺ 1 L 300 mL= ☐ mL

❻ 3 L 900 mL= ☐ mL

❼ 10 L 60 mL= ☐ mL

❽ 21 L 100 mL= ☐ mL

⑨ 2000 mL = ☐ L

⑩ 5000 mL = ☐ L

⑪ 8000 mL = ☐ L

⑫ 14000 mL = ☐ L

⑬ 20000 mL = ☐ L

⑭ 41000 mL = ☐ L

⑮ 57000 mL = ☐ L

⑯ 1200 mL = ☐ L ☐ mL

⑰ 3300 mL = ☐ L ☐ mL

⑱ 4800 mL = ☐ L ☐ mL

⑲ 7050 mL = ☐ L ☐ mL

⑳ 11600 mL = ☐ L ☐ mL

㉑ 29005 mL = ☐ L ☐ mL

㉒ 30090 mL = ☐ L ☐ mL

ㄴ는 **ㄴ끼리**, mㄴ는 **mㄴ끼리** 더해!

mㄴ끼리의 합이

1000이거나 1000보다 크면

1000 mL를 1 L로 **받아올림**해!

• 2 L 600 mL + 1 L 500 mL의 계산

	2 L	600 mL
+	1 L	500 mL
	3 L	1100 mL

+ 1 L ← − 1000 mL → 1000 mL를 1 L로 받아올림 합니다.

| | 4 L | 100 mL |

○ 계산해 보시오.

❶
	1 L	300 mL
+	1 L	100 mL

❷
	3 L	200 mL
+	2 L	400 mL

❸
	4 L	250 mL
+	5 L	300 mL

❹
	5 L	220 mL
+	3 L	730 mL

❺
	3 L	500 mL
+	4 L	700 mL

❻
	5 L	600 mL
+	3 L	900 mL

❼
	6 L	800 mL
+	7 L	350 mL

❽
	8 L	480 mL
+	5 L	940 mL

⑨ 1 L 600 mL＋1 L 200 mL
=

⑩ 2 L 400 mL＋3 L 100 mL
=

⑪ 3 L 200 mL＋1 L 700 mL
=

⑫ 3 L 700 mL＋3 L 150 mL
=

⑬ 4 L 220 mL＋5 L 370 mL
=

⑭ 5 L 100 mL＋2 L 750 mL
=

⑮ 7 L 420 mL＋2 L 360 mL
=

⑯ 1 L 700 mL＋2 L 600 mL
=

⑰ 3 L 500 mL＋3 L 900 mL
=

⑱ 4 L 800 mL＋7 L 200 mL
=

⑲ 5 L 740 mL＋3 L 900 mL
=

⑳ 6 L 500 mL＋1 L 650 mL
=

㉑ 7 L 460 mL＋3 L 740 mL
=

㉒ 9 L 890 mL＋1 L 430 mL
=

ㄴ는 **ㄴ끼리**, ㎖는 **㎖끼리** 빼!
㎖끼리 뺄 수 없으면
1 L를 1000 ㎖로 **받아내림**해!

● 5 L 200 mL−1 L 700 mL의 계산

$$
\begin{array}{r}
\overset{4}{5}\,L \quad \overset{1000}{200}\,mL \\
-\ 1\,L \quad 700\,mL \\
\hline
3\,L \quad 500\,mL
\end{array}
$$

● 1 L를 1000 mL로 받아내림합니다.

○ 계산해 보시오.

❶
$$
\begin{array}{r}
3\,L \quad 500\,mL \\
-\ 1\,L \quad 100\,mL \\
\hline
\end{array}
$$

❷
$$
\begin{array}{r}
4\,L \quad 600\,mL \\
-\ 2\,L \quad 300\,mL \\
\hline
\end{array}
$$

❸
$$
\begin{array}{r}
5\,L \quad 850\,mL \\
-\ 4\,L \quad 500\,mL \\
\hline
\end{array}
$$

❹
$$
\begin{array}{r}
6\,L \quad 600\,mL \\
-\ 1\,L \quad 150\,mL \\
\hline
\end{array}
$$

❺
$$
\begin{array}{r}
5\,L \quad 700\,mL \\
-\ 3\,L \quad 800\,mL \\
\hline
\end{array}
$$

❻
$$
\begin{array}{r}
7\,L \quad 200\,mL \\
-\ 4\,L \quad 900\,mL \\
\hline
\end{array}
$$

❼
$$
\begin{array}{r}
9\,L \quad 250\,mL \\
-\ 7\,L \quad 600\,mL \\
\hline
\end{array}
$$

❽
$$
\begin{array}{r}
12\,L \quad 320\,mL \\
-\ 5\,L \quad 780\,mL \\
\hline
\end{array}
$$

⑨ 2 L 700 mL−1 L 200 mL
=

⑩ 3 L 500 mL−2 L 400 mL
=

⑪ 4 L 600 mL−4 L 300 mL
=

⑫ 5 L 600 mL−1 L 450 mL
=

⑬ 8 L 250 mL−1 L 200 mL
=

⑭ 10 L 570 mL−3 L 330 mL
=

⑮ 14 L 890 mL−8 L 440 mL
=

⑯ 6 L 100 mL−2 L 550 mL
=

⑰ 7 L 300 mL−5 L 600 mL
=

⑱ 8 L 200 mL−2 L 900 mL
=

⑲ 9 L 400 mL−1 L 800 mL
=

⑳ 9 L 510 mL−5 L 730 mL
=

㉑ 13 L 280 mL−7 L 690 mL
=

㉒ 16 L 360 mL−9 L 980 mL
=

합

→ **덧셈식**을 이용해!

● 두 들이의 합 구하기

4 L 400 mL	2 L 300 mL
6 L 700 mL	

4 L 400 mL+2 L 300 mL=6 L 700 mL

○ 두 들이의 합을 빈칸에 써넣으시오.

1

2 L 200 mL	1 L 100 mL

5

2 L 700 mL	5 L 800 mL

2

3 L 400 mL	4 L 300 mL

6

4 L 600 mL	3 L 500 mL

3

4 L 820 mL	1 L 140 mL

7

5 L 700 mL	3 L 350 mL

4

7 L 550 mL	2 L 200 mL

8

7 L 910 mL	2 L 620 mL

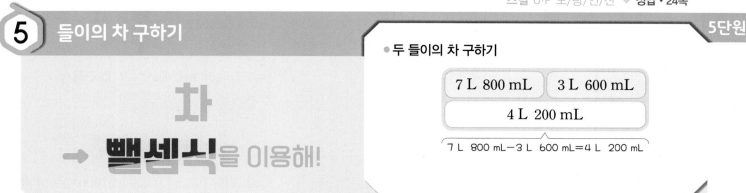

5 들이의 차 구하기

○ 두 들이의 차를 빈칸에 써넣으시오.

9

4 L 700 mL	2 L 300 mL

13

6 L 200 mL	1 L 450 mL

10

5 L 900 mL	2 L 200 mL

14

8 L 100 mL	2 L 900 mL

11

6 L 850 mL	2 L 500 mL

15

9 L 700 mL	2 L 800 mL

12

9 L 570 mL	5 L 420 mL

16

14 L 160 mL	8 L 640 mL

6 들이의 덧셈식 완성하기

ⓒ 또는 ⓔ이
▲ 보다 클 때,
받아올림에 주의해!

• '☐ L 700 mL＋4 L ☐ mL
  ＝7 L 100 mL'에서 ☐의 값 구하기

	㉠ L	700 mL
＋	4 L	㉡ mL
	7 L	100 mL

700＞100이므로
받아올림이 있습니다.

• mL 단위 700＋ⓒ＝100＋1000, ⓒ＝400
• L 단위   1＋㉠＋4＝7, ㉠＝2
  └• mL 단위에서
    받아올림한 수

○ 들이의 덧셈식을 완성해 보시오.

❶
	☐ L	300 mL
＋	7 L	☐ mL
	8 L	900 mL

❹
	☐ L	800 mL
＋	4 L	☐ mL
	9 L	350 mL

❷
	2 L	☐ mL
＋	☐ L	100 mL
	7 L	300 mL

❺
	5 L	☐ mL
＋	☐ L	600 mL
	8 L	400 mL

❸
	☐ L	500 mL
＋	3 L	☐ mL
	7 L	200 mL

❻
	6 L	☐ mL
＋	☐ L	250 mL
	11 L	150 mL

7 들이의 뺄셈식 완성하기

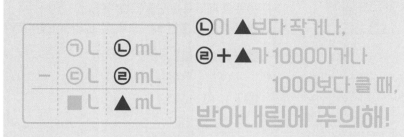

ⓒ이 ▲보다 작거나,
ⓔ+▲가 1000이거나
1000보다 클 때,
받아내림에 주의해!

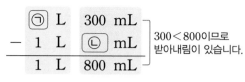

• '□ L 300 mL−1 L □ mL
=1 L 800 mL'에서 □의 값 구하기

```
    ㉠  L   300  mL
  −  1  L   ㉡  mL        300<800이므로
  ─────────────────       받아내림이 있습니다.
    1  L   800  mL
```

• mL 단위 1000+300−ⓒ=800, ⓒ=500
• L 단위 ㉠−1−1=1, ㉠=3

5일 차

◯ 들이의 뺄셈식을 완성해 보시오.

❼
```
      □  L   800  mL
   −  2  L   □    mL
   ──────────────────
      1  L   600  mL
```

❿
```
      □  L   550  mL
   −  5  L   □    mL
   ──────────────────
      1  L   800  mL
```

❽
```
      4  L   □    mL
   −  □  L   500  mL
   ──────────────────
      3  L   400  mL
```

⓫
```
      8  L   □    mL
   −  □  L   600  mL
   ──────────────────
      5  L   700  mL
```

❾
```
      □  L   200  mL
   −  4  L   □    mL
   ──────────────────
      1  L   300  mL
```

⓬
```
      9  L   □    mL
   −  □  L   850  mL
   ──────────────────
      3  L   250  mL
```

8. 들이의 덧셈 문장제

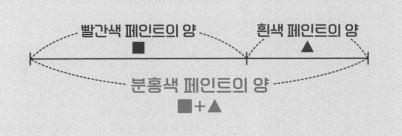

● 문제를 읽고 식을 세워 답 구하기

빨간색 페인트 4 L 100 mL와
흰색 페인트 2 L 300 mL를 섞어서
분홍색 페인트를 만들었습니다.
만든 분홍색 페인트는 모두 몇 L 몇 mL입니까?

식 4 L 100 mL+2 L 300 mL
=6 L 400 mL

답 6 L 400 mL

① 연우네 집에 포도 주스가 1 L 200 mL 있고, 감귤 주스가 1 L 700 mL 있습니다.
연우네 집에 있는 포도 주스와 감귤 주스는 모두 몇 L 몇 mL입니까?

계산 공간

식 :

답 :

② 물통에 찬물을 2 L 600 mL 부은 다음 더운물을 3 L 560 mL 더 부었습니다.
물통에 들어 있는 물은 모두 몇 L 몇 mL입니까?

식 :

답 :

③ 도넛을 만드는 데 우유를 4 L 300 mL 사용했고, 식용유를 2 L 600 mL 사용했습니다.
사용한 우유와 식용유는 모두 몇 L 몇 mL입니까?

식 : _____

답 : _____

④ 수조에 물이 5 L 900 mL 들어 있었습니다.
이 수조에 물을 1 L 400 mL 더 부었다면 수조에 들어 있는 물은 모두 몇 L 몇 mL입니까?

식 : _____

답 : _____

⑤ 현주네 반은 실험을 하기 위해
소금물 5400 mL와 설탕물 1 L 790 mL를 준비했습니다.
준비한 소금물과 설탕물은 모두 몇 L 몇 mL입니까?

식 : _____

답 : _____

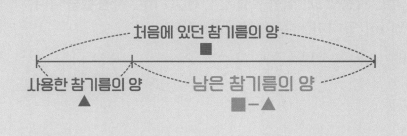

● 문제를 읽고 식을 세워 답 구하기

참기름이 3 L 900 mL 있었습니다.
그중에서 1 L 100 mL를 사용했다면
남은 참기름은 몇 L 몇 mL입니까?

식 3 L 900 mL − 1 L 100 mL
　　= 2 L 800 mL

답 2 L 800 mL

① 민지네 집에 식초가 2 L 500 mL 있었습니다.
그중에서 1 L 400 mL를 사용했다면 남은 식초는 몇 L 몇 mL입니까?

✎ 계산 공간

식 : _____

답 : _____

② 진혁이네 가족이 물을 어제는 5 L 200 mL 마셨고,
오늘은 3 L 900 mL 마셨습니다.
어제는 오늘보다 물을 몇 L 몇 mL 더 많이 마셨습니까?

식 : _____

답 : _____

❸ 약수터에서 물을 지우가 2 L 700 mL 받았고,
상미가 1 L 300 mL 받았습니다.
지우는 상미보다 물을 몇 L 몇 mL 더 많이 받았습니까?

식 : _____

답 : _____

❹ 빈 어항에 물을 6 L 600 mL 부었다가 어항에서 물을 1 L 750 mL 덜어 냈습니다.
어항에 남은 물은 몇 L 몇 mL입니까?

식 : _____

답 : _____

❺ 들이가 5000 mL인 항아리에 간장을 가득 채우려고 합니다.
항아리에 간장이 3 L 920 mL 들어 있다면 몇 L 몇 mL 더 채워야 합니까?

식 : _____

답 : _____

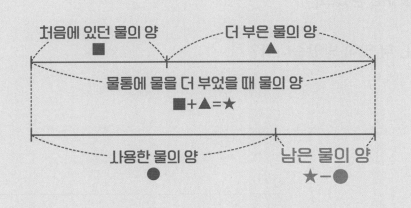

물통에 물이 1 L 500 mL 있었는데
2 L 300 mL를 더 부었습니다.
그중에서 2 L 700 mL를 사용했다면
남은 물은 몇 L 몇 mL입니까?

풀이 (물통에 물을 더 부었을 때 물의 양)
=1 L 500 mL+2 L 300 mL
=3 L 800 mL
⇨ (남은 물의 양)
=3 L 800 mL−2 L 700 mL
=1 L 100 mL

답 1 L 100 mL

❶ 파란색 페인트 4 L 200 mL와 노란색 페인트 2 L 300 mL를 섞어서
초록색 페인트를 만들었습니다. 만든 초록색 페인트 중에서
3 L 400 mL를 사용했다면 남은 페인트는 몇 L 몇 mL입니까?

✎ 풀이 공간

(만든 초록색 페인트의 양)

=4 L 200 mL+2 L 300 mL= ☐ L ☐ mL

⇨ (남은 페인트의 양)

= ☐ L ☐ mL−3 L 400 mL

= ☐ L ☐ mL

답 : _____

❷ 현지네 집에 주스가 2 L 500 mL 있었습니다.
그중에서 1 L 100 mL를 마시고, 1 L 500 mL를 더 사 왔습니다.
현지네 집에 있는 주스는 몇 L 몇 mL입니까?

✎ 풀이 공간

(마시고 남은 주스의 양)

=2 L 500 mL−1 L 100 mL= ☐ L ☐ mL

⇨ (현지네 집에 있는 주스의 양)

= ☐ L ☐ mL+1 L 500 mL

= ☐ L ☐ mL

답 : _____

❸ 물이 ㉮ 물통에 1 L 700 mL 들어 있었고, ㉯ 물통에 2 L 800 mL 들어 있었습니다.
㉮와 ㉯ 물통에 들어 있는 물을 빈 수조에 모두 부었더니 600 mL가 넘쳤습니다.
수조의 들이는 몇 L 몇 mL입니까?

답 : _____

❹ 하은이네 집에 꿀이 3 L 100 mL 있었습니다.
그중에서 1 L 300 mL를 사용하고, 할머니에게서 2 L 700 mL를 받았습니다.
하은이네 집에 있는 꿀은 몇 L 몇 mL입니까?

답 : _____

❺ 우유 6 L 500 mL 중에서 쿠키를 만드는 데 1 L 700 mL를 사용하고,
빵을 만드는 데 2 L 950 mL를 사용했습니다.
남은 우유는 몇 L 몇 mL입니까?

답 : _____

1 kg = 1000 g
킬로그램 그램

1 t = 1000 kg
톤 킬로그램

● 무게의 단위

무게의 단위에는 **킬로그램**, **그램**, **톤** 등이 있습니다.

쓰기	1kg	1g	1t
읽기	1 킬로그램	1 그램	1 톤
무게 단위 사이의 관계	• 1 kg = 1000 g • 1 t = 1000 kg		

● '몇 kg 몇 g'과 '몇 g'으로 나타내기

1 kg보다 400 g 더 무거운 무게

⇨ 쓰기 **1 kg 400 g**   읽기 **1 킬로그램 400 그램**

1 kg 400 g = 1400 g

○ ☐ 안에 알맞은 수를 써넣으시오.

❶ 2 kg = ☐ g

❷ 3 kg = ☐ g

❸ 23 kg = ☐ g

❹ 35 kg = ☐ g

❺ 1 kg 700 g = ☐ g

❻ 7 kg 30 g = ☐ g

❼ 19 kg 600 g = ☐ g

❽ 43 kg 55 g = ☐ g

⑨ 4000 g = ☐ kg

⑩ 8000 g = ☐ kg

⑪ 17000 g = ☐ kg

⑫ 1600 g = ☐ kg ☐ g

⑬ 3500 g = ☐ kg ☐ g

⑭ 7020 g = ☐ kg ☐ g

⑮ 24390 g = ☐ kg ☐ g

⑯ 2 t = ☐ kg

⑰ 4 t = ☐ kg

⑱ 12 t = ☐ kg

⑲ 3000 kg = ☐ t

⑳ 5000 kg = ☐ t

㉑ 8000 kg = ☐ t

㉒ 19000 kg = ☐ t

kg은 **kg끼리**, g은 **g끼리** 더해!

g끼리의 합이

10000이거나 1000보다 크면

1000 g을 1 kg으로 **받아올림**해!

• 5 kg 800 g+2 kg 400 g의 계산

```
    5 kg       800 g
 +  2 kg       400 g
    7 kg      1200 g
   +1 kg  ←  −1000 g → 1000 g을
    8 kg       200 g     1 kg으로
                         받아올림합니다.
```

○ 계산해 보시오.

❶
```
    1 kg   200 g
 +  4 kg   200 g
```

❷
```
    2 kg   700 g
 +  5 kg   100 g
```

❸
```
    3 kg   450 g
 +  6 kg   300 g
```

❹
```
    5 kg   230 g
 +  3 kg   640 g
```

❺
```
    3 kg   600 g
 +  3 kg   900 g
```

❻
```
    4 kg   500 g
 +  2 kg   700 g
```

❼
```
    5 kg   800 g
 +  4 kg   550 g
```

❽
```
    6 kg   720 g
 +  7 kg   430 g
```

9 1 kg 400 g + 3 kg 500 g
=

10 2 kg 200 g + 2 kg 300 g
=

11 3 kg 500 g + 5 kg 100 g
=

12 4 kg 300 g + 2 kg 450 g
=

13 5 kg 650 g + 3 kg 200 g
=

14 6 kg 330 g + 4 kg 350 g
=

15 7 kg 120 g + 1 kg 670 g
=

16 1 kg 900 g + 3 kg 500 g
=

17 2 kg 700 g + 4 kg 300 g
=

18 4 kg 560 g + 3 kg 700 g
=

19 5 kg 600 g + 5 kg 600 g
=

20 7 kg 400 g + 1 kg 750 g
=

21 8 kg 350 g + 2 kg 660 g
=

22 9 kg 440 g + 7 kg 970 g
=

kg은 **kg끼리**, g은 **g끼리** 빼!
g끼리 뺄 수 없으면
1 kg을 1000 g으로 **받아내림**해!

● 6 kg 300 g − 3 kg 400 g의 계산

```
      5      1000 ───● 1 kg을 1000 g으로
     6 kg    300 g      받아내림합니다.
  −  3 kg    400 g
  ─────────────────
     2 kg    900 g
```

○ 계산해 보시오.

❶
```
    3 kg   800 g
  − 1 kg   100 g
```

❷
```
    4 kg   600 g
  − 2 kg   500 g
```

❸
```
    7 kg   950 g
  − 3 kg   600 g
```

❹
```
    9 kg   720 g
  − 1 kg   580 g
```

❺
```
    6 kg   400 g
  − 3 kg   700 g
```

❻
```
    7 kg   200 g
  − 1 kg   300 g
```

❼
```
    9 kg   200 g
  − 4 kg   350 g
```

❽
```
   13 kg   420 g
  − 9 kg   860 g
```

⑨ 2 kg 300 g − 1 kg 100 g
=

⑯ 4 kg 800 g − 2 kg 900 g
=

⑩ 4 kg 500 g − 2 kg 300 g
=

⑰ 5 kg 200 g − 3 kg 400 g
=

⑪ 5 kg 900 g − 3 kg 200 g
=

⑱ 6 kg 100 g − 2 kg 600 g
=

⑫ 6 kg 750 g − 3 kg 400 g
=

⑲ 7 kg 150 g − 3 kg 400 g
=

⑬ 7 kg 500 g − 1 kg 250 g
=

⑳ 10 kg 200 g − 7 kg 650 g
=

⑭ 8 kg 840 g − 4 kg 320 g
=

㉑ 15 kg 370 g − 8 kg 540 g
=

⑮ 9 kg 360 g − 2 kg 240 g
=

㉒ 19 kg 410 g − 9 kg 760 g
=

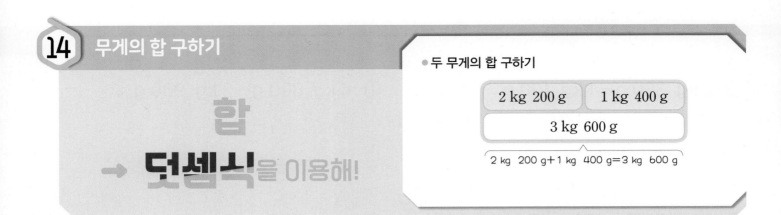

합
→ **덧셈식**을 이용해!

● 두 무게의 합 구하기

2 kg 200 g	1 kg 400 g
3 kg 600 g	

2 kg 200 g+1 kg 400 g=3 kg 600 g

○ 두 무게의 합을 빈칸에 써넣으시오.

1

1 kg 300 g	2 kg 100 g

5

3 kg 400 g	2 kg 700 g

2

3 kg 200 g	4 kg 700 g

6

4 kg 800 g	1 kg 800 g

3

4 kg 250 g	2 kg 200 g

7

7 kg 600 g	1 kg 950 g

4

5 kg 440 g	5 kg 160 g

8

9 kg 330 g	7 kg 710 g

15 무게의 차 구하기

● 두 무게의 차 구하기

5 kg 400 g	1 kg 100 g

4 kg 300 g

5 kg 400 g — 1 kg 100 g = 4 kg 300 g

○ 두 무게의 차를 빈칸에 써넣으시오.

9
2 kg 800 g	1 kg 200 g

13
3 kg 300 g	2 kg 500 g

10
4 kg 700 g	1 kg 600 g

14
8 kg 600 g	3 kg 900 g

11
7 kg 700 g	5 kg 550 g

15
13 kg 400 g	6 kg 750 g

12
8 kg 860 g	2 kg 230 g

16
17 kg 560 g	9 kg 820 g

㉡ 또는 ㉣이
▲보다 클 때,
받아올림에 주의해!

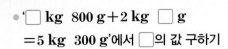

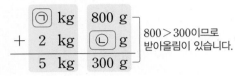

- g 단위 800＋㉡＝300＋1000, ㉡＝500
- kg 단위 1＋㉠＋2＝5, ㉠＝2
  - g 단위에서 받아올림한 수

○ 무게의 덧셈식을 완성해 보시오.

1

$$
\begin{array}{r}
\boxed{}\ \text{kg}\quad 100\ \text{g} \\
+\ 5\ \text{kg}\quad \boxed{}\ \text{g} \\
\hline
7\ \text{kg}\quad 200\ \text{g}
\end{array}
$$

4

$$
\begin{array}{r}
\boxed{}\ \text{kg}\quad 350\ \text{g} \\
+\ 3\ \text{kg}\quad \boxed{}\ \text{g} \\
\hline
9\ \text{kg}\quad 150\ \text{g}
\end{array}
$$

2

$$
\begin{array}{r}
3\ \text{kg}\quad \boxed{}\ \text{g} \\
+\ \boxed{}\ \text{kg}\quad 600\ \text{g} \\
\hline
5\ \text{kg}\quad 800\ \text{g}
\end{array}
$$

5

$$
\begin{array}{r}
6\ \text{kg}\quad \boxed{}\ \text{g} \\
+\ \boxed{}\ \text{kg}\quad 600\ \text{g} \\
\hline
8\ \text{kg}\quad 100\ \text{g}
\end{array}
$$

3

$$
\begin{array}{r}
\boxed{}\ \text{kg}\quad 400\ \text{g} \\
+\ 1\ \text{kg}\quad \boxed{}\ \text{g} \\
\hline
6\ \text{kg}\quad 300\ \text{g}
\end{array}
$$

6

$$
\begin{array}{r}
7\ \text{kg}\quad \boxed{}\ \text{g} \\
+\ \boxed{}\ \text{kg}\quad 800\ \text{g} \\
\hline
11\ \text{kg}\quad 550\ \text{g}
\end{array}
$$

17 무게의 뺄셈식 완성하기 5단원

⑥이 ▲보다 작거나,
②+▲가 1000이거나
　　　　1000보다 클 때,
받아내림에 주의해!

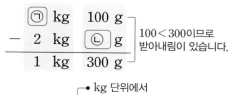

○ '□ kg 100 g − 2 kg □ g
　 = 1 kg 300 g'에서 □의 값 구하기

	㉠ kg	100 g
−	2 kg	㉡ g
	1 kg	300 g

100 < 300이므로 받아내림이 있습니다.

kg 단위에서 받아내린 수

- g 단위　1000 + 100 − ㉡ = 300, ㉡ = 800
- kg 단위　㉠ − 1 − 2 = 1, ㉠ = 4

g 단위로 받아내림한 수

○ 무게의 뺄셈식을 완성해 보시오.

❼

	□ kg	900 g
−	1 kg	□ g
	1 kg	800 g

❿

	□ kg	100 g
−	2 kg	□ g
	3 kg	350 g

❽

	3 kg	□ g
−	□ kg	200 g
	1 kg	300 g

⓫

	6 kg	□ g
−	□ kg	400 g
	3 kg	900 g

❾

	□ kg	200 g
−	1 kg	□ g
	2 kg	300 g

⓬

	7 kg	□ g
−	□ kg	950 g
	2 kg	750 g

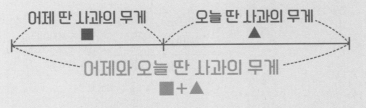

소윤이는 과수원에서 사과를
어제는 6 kg 700 g 땄고,
오늘은 8 kg 200 g 땄습니다.
어제와 오늘 딴 사과는 모두 몇 kg 몇 g입니까?

식 6 kg 700 g＋8 kg 200 g＝14 kg 900 g

답 14 kg 900 g

❶ 찰흙을 진수는 1 kg 500 g 사용했고, 현호는 2 kg 400 g 사용했습니다.
진수와 현호가 사용한 찰흙은 모두 몇 kg 몇 g입니까?

✎ 계산 공간

식 : _____

답 : _____

❷ 재명이네 집에 고구마가 3 kg 800 g 있었습니다.
어머니께서 고구마를 2 kg 600 g 더 사 오셨다면
재명이네 집에 있는 고구마는 모두 몇 kg 몇 g입니까?

식 : _____

답 : _____

❸ 현준이네 집에 콩은 8 kg 600 g 있고, 쌀은 콩보다 1 kg 200 g 더 많이 있습니다.
현준이네 집에 있는 쌀은 몇 kg 몇 g입니까?

식 : _____

답 : _____

❹ 유희의 몸무게는 30 kg 400 g이고, 강아지의 무게는 3 kg 850 g입니다.
유희가 강아지를 안고 무게를 재면 몇 kg 몇 g입니까?

식 : _____

답 : _____

❺ 식당에서 오늘 소금을 2 kg 900 g 사용했고, 설탕을 1260 g 사용했습니다.
오늘 사용한 소금과 설탕은 모두 몇 kg 몇 g입니까?

식 : _____

답 : _____

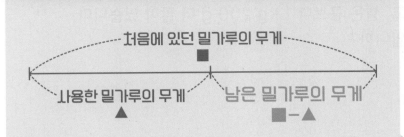

● 문제를 읽고 식을 세워 답 구하기

밀가루가 4 kg 600 g 있었습니다.
그중에서 빵을 만드는 데 2 kg 400 g 사용했다면
남은 밀가루는 몇 kg 몇 g입니까?

식 4 kg 600 g−2 kg 400 g= 2 kg 200 g

답 2 kg 200 g

① 윤미네 집에 귤이 7 kg 300 g 있었습니다.
그중에서 5 kg 200 g을 먹었다면 남은 귤은 몇 kg 몇 g입니까?

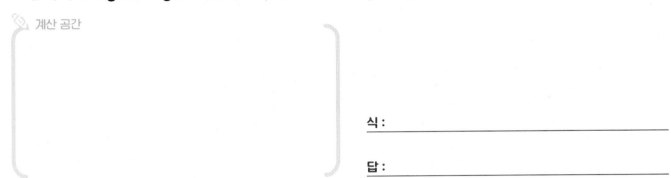

계산 공간

식 : _____

답 : _____

② 밭에서 감자를 유겸이가 9 kg 500 g 캤고, 라희가 6 kg 650 g 캤습니다.
유겸이는 라희보다 감자를 몇 kg 몇 g 더 많이 캤습니까?

식 : _____

답 : _____

3 하준이가 짐을 싼 여행용 가방의 무게를 재어 보니 8 kg 600 g이었습니다.
이 가방에서 장난감을 빼고 다시 무게를 재어 보니 7 kg 500 g이었습니다.
가방에서 뺀 장난감은 몇 kg 몇 g입니까?

식 : _____

답 : _____

4 민주의 몸무게는 34 kg 500 g이고, 영아의 몸무게는 32 kg 800 g입니다.
민주는 영아보다 몇 kg 몇 g 더 무겁습니까?

식 : _____

답 : _____

5 지우의 책상은 19 kg 200 g이고, 의자는 책상보다 9300 g 더 가볍습니다.
의자는 몇 kg 몇 g입니까?

식 : _____

답 : _____

무게의 덧셈과 뺄셈 문장제

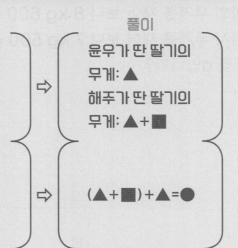

● 문제를 읽고 해결하기

딸기를 해주가 윤우보다 4 kg 더 많이 땄습니다.

해주와 윤우가 딴 딸기의 무게의 합이 14 kg일 때, 해주가 딴 딸기의 무게는 몇 kg입니까?

풀이 윤우가 딴 딸기의 무게: ■ kg

해주가 딴 딸기의 무게: (■+4) kg

⇨ (■+4)+■=14, ■+■=10,

　　　■=5

따라서 해주가 딴 딸기의 무게는

5+4=9(kg)입니다.

답 9 kg

---

❶ 찰흙을 현아가 민규보다 2 kg 더 많이 가지고 있습니다.
현아와 민규가 가지고 있는 찰흙의 무게의 합이 10 kg일 때,
현아가 가지고 있는 찰흙의 무게는 몇 kg입니까?

✎ 풀이 공간

민규가 가지고 있는 찰흙의 무게: ■ kg

현아가 가지고 있는 찰흙의 무게: (■+2) kg

⇨ (■+2)+■=　　　, ■+■=　　　, ■=　　　

따라서 현아가 가지고 있는 찰흙의 무게는

　　　+2=　　　(kg)입니다.

답 : _____

---

❷ 오늘 정육점에서 소고기를 돼지고기보다 6 kg 더 적게 팔았습니다.
오늘 판매한 소고기와 돼지고기의 무게의 합이 20 kg일 때,
판매한 소고기의 무게는 몇 kg입니까?

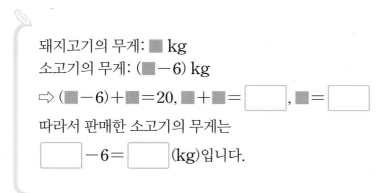

돼지고기의 무게: ■ kg

소고기의 무게: (■-6) kg

⇨ (■-6)+■=20, ■+■=　　　, ■=　　　

따라서 판매한 소고기의 무게는

　　　-6=　　　(kg)입니다.

답 : _____

❸ ㉮ 철근이 ㉯ 철근보다 12 kg 더 무겁습니다.
㉮ 철근과 ㉯ 철근의 무게의 합이 50 kg일 때, ㉮ 철근의 무게는 몇 kg입니까?

답 :

❹ 소율이의 몸무게는 하진이의 몸무게보다 4 kg 더 가볍습니다.
소율이와 하진이의 몸무게의 합이 64 kg일 때, 소율이의 몸무게는 몇 kg입니까?

답 :

❺ 빵을 만드는 데 설탕을 연아가 유민이보다 40 g 더 적게 사용했습니다.
연아와 유민이가 사용한 설탕의 무게의 합이 560 g일 때,
연아가 사용한 설탕의 무게는 몇 g입니까?

답 :

○ ☐ 안에 알맞은 수를 써넣으시오.

1 1 L = ☐ mL

2 4 L 900 mL = ☐ mL

3 8020 mL = ☐ L ☐ mL

○ 계산해 보시오.

4
```
    3 L  700 mL
 +  2 L  200 mL
```

5
```
    6 L  800 mL
 -  4 L  300 mL
```

6 5 L 450 mL + 3 L 650 mL
=

7 9 L 300 mL − 2 L 480 mL
=

○ ☐ 안에 알맞은 수를 써넣으시오.

8 6 kg = ☐ g

9 7110 g = ☐ kg ☐ g

10 9000 kg = ☐ t

○ 계산해 보시오.

11
```
    2 kg  400 g
 +  5 kg  300 g
```

12
```
    9 kg  500 g
 -  3 kg  100 g
```

13 4 kg 800 g + 5 kg 350 g
=

14 8 kg 260 g − 5 kg 720 g
=

15 수조에 물이 6 L 300 mL 들어 있었습니다. 이 수조에 물을 3 L 400 mL 더 부었다면 수조에 들어 있는 물은 모두 몇 L 몇 mL입니까?

식 _____

답 _____

16 식당에서 오늘 식용유를 3 L 700 mL 사용했고, 참기름을 1 L 200 mL 사용했습니다. 오늘 사용한 식용유는 참기름보다 몇 L 몇 mL 더 많습니까?

식 _____

답 _____

17 물 4 L 250 mL와 매실 원액 1 L 850 mL를 섞어서 매실주스를 만들었습니다. 만든 매실주스 중에서 2 L 900 mL를 마셨다면 남은 매실주스는 몇 L 몇 mL입니까?

(_____)

18 케이크를 만드는 데 밀가루는 2 kg 600 g 사용했고, 설탕은 1 kg 100 g 사용했습니다. 사용한 밀가루와 설탕은 모두 몇 kg 몇 g입니까?

식 _____

답 _____

19 수민이네 집에 양파가 7 kg 200 g 있었습니다. 그중에서 5 kg 400 g을 사용했습니다. 남은 양파는 몇 kg 몇 g입니까?

식 _____

답 _____

20 지점토를 명수가 지호보다 2 kg 더 많이 사용했습니다. 명수와 지호가 사용한 지점토의 무게의 합이 8 kg일 때, 명수가 사용한 지점토의 무게는 몇 kg입니까?

(_____)

그림그래프

● 맞힌 개수와 걸린 시간을 작성해 보세요.

학습 내용		일 차	맞힌 개수	걸린 시간
③	가장 많이 준비해야 할 항목 구하기	3일 차	/4개	/5분
④	표와 그림그래프 완성하기			
⑤	그림의 단위를 구하여 자료의 수 구하기	4일 차	/4개	/6분
⑥	전체의 수를 구하여 문제 해결하기			
평가	6. 그림그래프	5일 차	/10개	/17분

조사한 수를
그림으로 나타낸 **그래프**
→ **그림그래프**

• 그림그래프

그림그래프: 알려고 하는 수(조사한 수)를 그림으로 나타낸
그래프

아파트 동별 자동차 수

동	자동차 수
㉮	🚗🚗🚗🚗
㉯	🚗🚗🚗🚗🚗🚗
㉰	🚗🚗🚗🚗🚗🚗

🚗 10대
🚗 1대

• ㉮ 동의 자동차 수는 13대입니다.
• 자동차 수가 많은 동부터 순서대로 쓰면
㉯ 동, ㉰ 동, ㉮ 동입니다.

○ 민지네 학교 3학년 학생들이 가고 싶어 하는 나라를 조사하여 그림그래프로 나타내었습니다.
물음에 답하시오.

학생들이 가고 싶어 하는 나라

나라	학생 수
미국	😊😊😊😊😊😊😊
영국	😊😊😊😊😊
호주	😊😊😊😊😊😊😊😊
캐나다	😊😊😊😊😊😊😊😊

😊 10명
😊 1명

① 그림 😊과 😊은 각각 몇 명을 나타내고 있습니까?

😊 (   ), 😊 (   )

② 영국에 가고 싶어 하는 학생은 몇 명입니까?

(   )

③ 호주와 캐나다 중 더 많은 학생들이 가고 싶어 하는 나라는 어디입니까?

(   )

○ 마을별 초등학생 수를 조사하여 그림그래프로 나타내었습니다. 물음에 답하시오.

마을별 초등학생 수

마을	초등학생 수
행복	👤👤👤👤👤
희망	👤👤👤👤
사랑	👤👤👤👤👤👤👤
보람	👤👤👤👤👤👤👤👤

👤 100명
👤 10명

❹ 행복 마을의 초등학생은 몇 명입니까?

(   )

❺ 초등학생이 가장 많은 마을은 어느 마을이고, 몇 명입니까?

(,   )

❻ 사랑 마을의 초등학생은 보람 마을의 초등학생보다 몇 명 더 많습니까?

(   )

❼ 초등학생이 적은 마을부터 순서대로 써 보시오.

(   )

① **그림을 몇 가지**로 나타낼지 정해!

② **어떤 그림**으로 나타낼지 정해!

③ **그림으로 단위를 어떻게 나타낼** 것인지 정해!

④ 그림그래프의 제목을 써!

● 그림그래프로 나타내기

학생들이 좋아하는 과목

과목	국어	수학	사회	합계
학생 수(명)	12	7	5	24

학생들이 좋아하는 과목

과목	학생 수
국어	☺ ☺
수학	☺ ☺ ☺ ☺ ☺ ☺ ☺
사회	☺ ☺ ☺ ☺ ☺

☺ 10명
☺ 1명

참고 2개의 단위로 그림그래프를 그렸을 때 그림의 수가 많은 경우 3개의 단위로 나타내면 더 간단하게 나타낼 수 있습니다.

○ 세진이네 반 학생들이 모둠별로 모은 빈 병 수를 조사하여 표로 나타내었습니다. 물음에 답하시오.

모둠별 모은 빈 병 수

모둠	가	나	다	라	합계
빈 병 수(병)	25	30	17	22	94

❶ 표를 보고 그림그래프로 나타낼 때 그림을 몇 가지로 나타내는 것이 좋겠습니까?

(   )

❷ 표를 보고 그림그래프를 완성해 보시오.

모둠별 모은 빈 병 수

모둠	빈 병 수
가	◎ ◎ ○ ○ ○ ○ ○
나	
다	
라	

◎ 10병
○ 1병

○ 윤기네 학교 3학년 학생들이 좋아하는 계절을 조사하여 표로 나타내었습니다. 물음에 답하시오.

학생들이 좋아하는 계절

계절	봄	여름	가을	겨울	합계
학생 수 (명)	27	16	32	20	95

○ 어느 음식점에서 일주일 동안 팔린 음식의 수를 조사하여 표로 나타내었습니다. 물음에 답하시오.

일주일 동안 팔린 음식의 수

종류	볶음밥	불고기	갈비탕	만둣국	합계
음식의 수 (그릇)	220	150	190	80	640

3 표를 보고 그림그래프로 나타내어 보시오.

학생들이 좋아하는 계절

계절	학생 수
봄	
여름	
가을	
겨울	

◎ 10명   ○ 1명

5 표를 보고 그림그래프로 나타내어 보시오.

일주일 동안 팔린 음식의 수

종류	음식의 수
볶음밥	
불고기	
갈비탕	
만둣국	

◎ 100그릇   ○ 10그릇

4 표를 보고 ◎는 10명, △는 5명, ○는 1명으로 하여 그림그래프로 나타내어 보시오.

학생들이 좋아하는 계절

계절	학생 수
봄	
여름	
가을	
겨울	

◎ [ ]명 △ [ ]명 ○ [ ]명

6 표를 보고 ◎는 100그릇, △는 50그릇, ○는 10그릇으로 하여 그림그래프로 나타내어 보시오.

일주일 동안 팔린 음식의 수

종류	음식의 수
볶음밥	
불고기	
갈비탕	
만둣국	

◎ [ ]그릇 △ [ ]그릇 ○ [ ]그릇

3 가장 많이 준비해야 할 항목 구하기

가장 많이 준비해야 할 항목

↓

자료의 수가 가장 큰 항목

● 어느 제과점에서 하루 동안 팔린 빵의 수를 조사하여 나타낸 그림그래프를 보고 가장 많이 준비해야 할 빵 구하기

하루 동안 팔린 빵의 수

종류	빵의 수
단팥빵	🍞🍞🍞🍞
식빵	🍞🍞🍞🍞🍞
크림빵	🍞🍞🍞🍞

🍞 10개　🍞 1개

제과점에서 하루 동안 팔린 빵의 수를 구하면
단팥빵은 40개, 식빵은 15개, 크림빵은 22개이므로
가장 많이 팔린 빵은 단팥빵입니다.

➡ 가장 많이 준비해야 할 빵: 단팥빵

---

❶ 민호네 학교 3학년 학생들이 좋아하는 음료수를 조사하여 그림그래프로 나타내었습니다. 민호네 학교에서 학생들에게 나누어 줄 음료수를 준비할 때, 가장 많이 준비해야 할 음료수는 무엇입니까?

학생들이 좋아하는 음료수

음료수	학생 수
주스	😊😊😊😊😊
콜라	😊😊😊😊😊😊
사이다	😊😊😊😊😊
식혜	😊😊😊😊😊😊

😊 10명　😊 1명

(　　　　　　　)

❷ 준희네 마을 학생들이 배우고 싶어 하는 외국어를 조사하여 그림그래프로 나타내었습니다. 준이네 마을 문화 센터에서 학생들을 위한 외국어 강좌를 준비할 때, 가장 많은 강좌를 준비해야 할 외국어는 무엇입니까?

학생들이 배우고 싶어 하는 외국어

외국어	학생 수
영어	😊😊😊😊😊
중국어	😊😊😊😊😊😊😊
스페인어	😊😊😊😊😊
일본어	😊😊😊😊😊😊

😊 100명　😊 10명

(　　　　　　　)

4 표와 그림그래프 완성하기

표

표의
자료의 수를
단위별 그림의 수로
나타내!

그림그래프의
단위별 그림의
수를 세어
표에 수로 나타내!

그림그래프

● 표를 보고 그림그래프로, 그림그래프를 보고 표로 나타내기

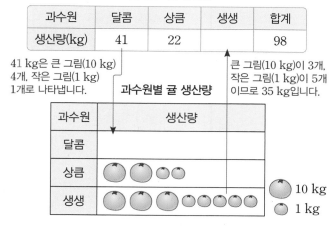

과수원별 귤 생산량

과수원	달콤	상큼	생생	합계
생산량(kg)	41	22		98

41 kg은 큰 그림(10 kg)
4개, 작은 그림(1 kg)
1개로 나타냅니다.

큰 그림(10 kg)이 3개,
작은 그림(1 kg)이 5개
이므로 35 kg입니다.

과수원별 귤 생산량

과수원	생산량
달콤	
상큼	
생생	

🍊 10 kg
🍊 1 kg

---

❸ 현주네 학교 3학년 학생들의 혈액형을 조사하여 표와 그림그래프로 나타내었습니다. 표와 그림그래프를 각각 완성해 보시오.

학생들의 혈액형

혈액형	A형	B형	O형	AB형	합계
학생 수 (명)	40		24		90

학생들의 혈액형

혈액형	학생 수
A형	
B형	◎○○○○○○
O형	
AB형	◎

◎10명　○1명

❹ 마을별 쌀 생산량을 조사하여 표와 그림그래프로 나타내었습니다. 표와 그림그래프를 각각 완성해 보시오.

마을별 쌀 생산량

마을	가	나	다	라	합계
생산량 (kg)		260		170	970

마을별 쌀 생산량

마을	생산량
가	◎◎◎○
나	
다	◎◎○○○
라	

◎100 kg　○10 kg

2개의 단위 그림으로 나타낸 그림그래프에서
한 항목의 자료의 수가 ■▲일 때
└─● 두 자리 수

↓

큰 그림이 나타내는 수: **10개**
작은 그림이 나타내는 수: **1개**

● 게임이 취미인 학생이 21명일 때 운동이 취미인
학생 수 구하기

학생들의 취미

취미	학생 수
게임	☺ ☺ ☺
운동	☺ ☺ ☺ ☺
독서	☺ ☺ ☺ ☺ ☺ ☺ ☺ ☺

게임이 취미인 학생 21명을 ☺ 2개, ☺ 1개로 나타
내었으므로 ☺은 10명, ☺은 1명을 나타냅니다.
⇨ 운동이 취미인 학생 수: 13명

❶ 농장별 기르는 오리의 수를 조사하여 그림
그래프로 나타내었습니다. 햇빛 농장에서
기르는 오리가 15마리일 때, 바다 농장에서
기르는 오리는 몇 마리입니까?

농장별 기르는 오리의 수

농장	오리의 수
하늘	🦆 🦆 🦆
햇빛	🦆 🦆 🦆 🦆 🦆 🦆
바다	🦆 🦆 🦆
푸름	🦆 🦆 🦆 🦆 🦆 🦆

( )

❷ 민우네 학교 학생들이 한 달 동안 도서관에
서 빌린 책을 조사하여 그림그래프로 나타
내었습니다. 동화책이 260권일 때, 소설책
은 몇 권입니까?

학생들이 도서관에서 빌린 책

종류	책의 수
동화책	📕 📕 📗 📗 📗 📗 📗 📗
위인전	📕 📕 📕
과학책	📗 📗 📗 📗 📗 📗 📗
소설책	📕 📗 📗 📗 📗

( )

6 전체의 수를 구하여 문제 해결하기

그림그래프에서
각 항목이 나타내는
자료 수의
합계를 이용해!

● 가구별 콩 수확량을 조사하여 나타낸 그림그래프를 보고 세 가구에서 수확한 콩을 한 자루에 **6 kg**씩 모두 나누어 담을 때 필요한 자루의 수 구하기

가구별 콩 수확량

가구	수확량
㉮	🎒🎒🎒🎒🎒🎒
㉯	🎒🎒🎒
㉰	🎒🎒🎒🎒🎒🎒🎒

🎒 10 kg
🎒 1 kg

(세 가구의 전체 콩 수확량)$=34+21+17=72$(kg)

▷ (필요한 자루의 수)$=72 \div 6 = 12$(개)

---

❸ 마을별 감자 생산량을 조사하여 그림그래 프로 나타내었습니다. 네 마을에서 생산한 감자를 한 상자에 8 kg씩 모두 나누어 담 으려면 상자는 몇 개 필요합니까?

마을별 감자 생산량

마을	생산량
행복	🥔🥔🥔🥔🥔🥔🥔
사랑	🥔🥔🥔🥔🥔🥔
샛별	🥔🥔🥔🥔🥔🥔🥔🥔
보람	🥔🥔🥔🥔🥔

🥔 10 kg 🥔 1 kg

(   )

❹ 동별 쓰레기 배출량을 조사하여 그림그래 프로 나타내었습니다. 네 동에서 배출한 쓰 레기를 트럭에 실어 한 번에 3 t씩 모두 옮 기려면 트럭으로 몇 번 옮겨야 합니까?

동별 쓰레기 배출량

동	배출량
1동	🎒🎒🎒🎒🎒🎒
2동	🎒🎒🎒🎒🎒🎒🎒
3동	🎒🎒🎒🎒🎒🎒🎒🎒
4동	🎒🎒🎒🎒🎒🎒🎒🎒🎒

🎒 10 t 🎒 1 t

(   )

○ 윤희네 모둠 학생들이 가지고 있는 연필 수를 조사하여 그림그래프로 나타내었습니다. 물음에 답하시오.

학생들이 가지고 있는 연필 수

이름	연필 수
윤희	✐ ／／／／／／
정수	✐ ／／／／／／／
예준	✐ ✐ ／／
미진	✐ ／／

✐ 10자루 ／ 1자루

1 그림 ✐ 과 ／ 은 각각 몇 자루를 나타내고 있습니까?

✐ (   ), ／ (   )

2 가장 많은 연필을 가지고 있는 사람은 누구이고, 몇 자루입니까?

(,   )

3 미진이가 가지고 있는 연필은 정수가 가지고 있는 연필보다 몇 자루 더 많습니까?

(   )

4 연필을 적게 가지고 있는 사람부터 순서대로 이름을 써 보시오.

(   )

○ 진우네 반 학생들이 가지고 있는 색깔별 구슬 수를 조사하여 표로 나타내었습니다. 물음에 답하시오.

색깔별 구슬 수

색깔	빨간색	노란색	초록색	파란색	합계
구슬 수(개)	43	27	35	41	146

5 표를 보고 그림그래프로 나타내어 보시오.

색깔별 구슬 수

색깔	구슬 수
빨간색	
노란색	
초록색	
파란색	

◎ 10개 ○ 1개

6 표를 보고 ◎는 10개, △는 5개, ○는 1개로 하여 그림그래프로 나타내어 보시오.

색깔별 구슬 수

색깔	구슬 수
빨간색	
노란색	
초록색	
파란색	

◎ ☐ 개 △ ☐ 개 ○ ☐ 개

7 어느 꽃 가게에서 일주일 동안 팔린 꽃의 수를 조사하여 그림그래프로 나타내었습니다. 이 꽃 가게에서 가장 많이 준비해야 할 꽃은 무엇입니까?

일주일 동안 팔린 꽃의 수

종류	꽃의 수
튤립	🌸🌸✿✿✿✿✿✿✿✿✿
장미	🌸🌸🌸🌸🌸✿✿
국화	🌸🌸🌸✿
수국	🌸✿✿✿✿✿✿

🌸100송이 ✿10송이

(   )

9 학생들이 배우고 싶어 하는 악기를 조사하여 그림그래프로 나타내었습니다. 기타를 배우고 싶어 하는 학생이 25명일 때, 드럼을 배우고 싶어 하는 학생은 몇 명입니까?

학생들이 배우고 싶어 하는 악기

악기	학생 수
피아노	😊😊😊🙂🙂
기타	😊😊🙂🙂🙂🙂
드럼	😊🙂🙂🙂🙂🙂🙂
플루트	😊😊🙂🙂🙂🙂

(   )

8 월별 비 온 날수를 조사하여 표와 그림그래프로 나타내었습니다. 표와 그림그래프를 각각 완성해 보시오.

월별 비 온 날수

월	3월	4월	5월	6월	합계
비 온 날수 (일)	10		12		45

월별 비 온 날수

월	비 온 날수
3월	
4월	○○○○○○○○
5월	
6월	◎○○○○○

◎10일 ○1일

10 과수원별 포도 생산량을 조사하여 그림그래프로 나타내었습니다. 네 과수원에서 생산한 포도를 한 상자에 5 kg씩 모두 나누어 담으려면 상자는 몇 개 필요합니까?

과수원별 포도 생산량

과수원	생산량
가	🍇🍇🍇🍇🍇🍇🍇🍇🍇
나	🍇🍇🍇🍇🍇
다	🍇🍇🍇🍇
라	🍇🍇🍇🍇🍇🍇

🍇10 kg 🍇1 kg

(   )

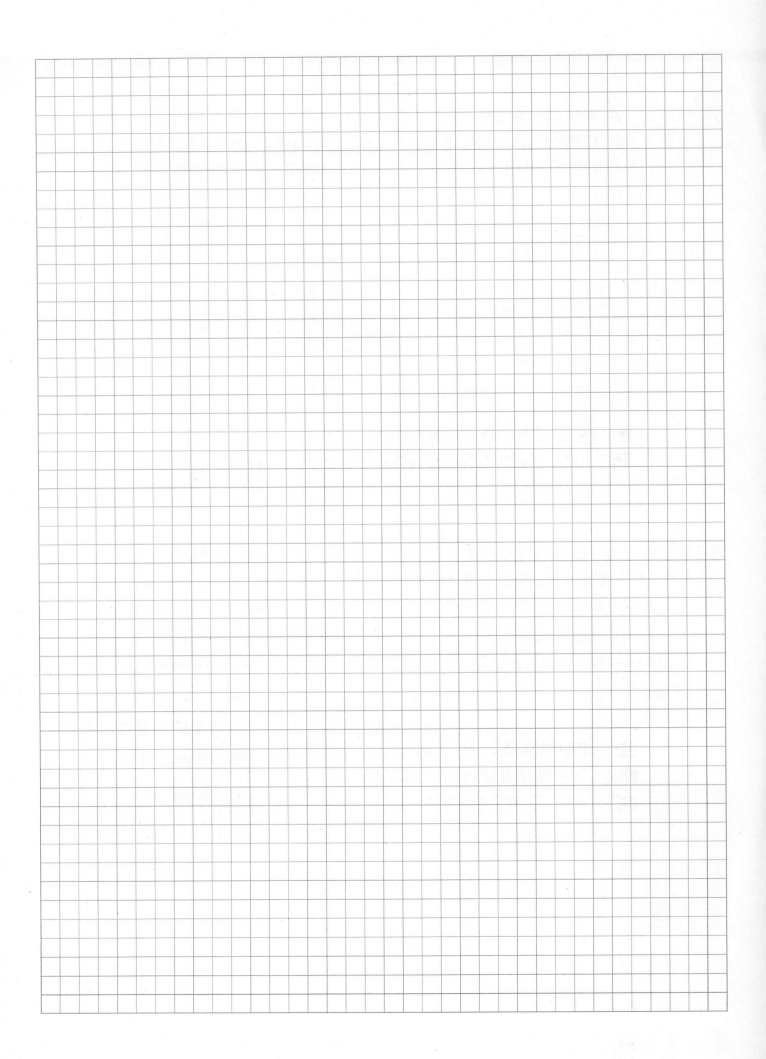

초등수학

3/2

정답과 풀이

정답과 풀이

ABOVE IMAGINATION

우리는 남다른 상상과 혁신으로
교육 문화의 새로운 전형을 만들어
모든 이의 행복한 경험과 성장에 기여한다

개념 ➕ 연산 파워

정답과 풀이

초등수학

3·2

1. 곱셈

① 올림이 없는 (세 자리 수) × (한 자리 수)

1일차

8쪽

❶ 306	❺ 420	❾ 602
❷ 666	❻ 636	❿ 933
❸ 244	❼ 884	⓫ 824
❹ 399	❽ 462	⓬ 840

9쪽

⓭ 220	⓴ 406	㉗ 960
⓮ 777	㉑ 844	㉘ 662
⓯ 242	㉒ 663	㉙ 684
⓰ 369	㉓ 446	㉚ 820
⓱ 390	㉔ 484	㉛ 844
⓲ 268	㉕ 903	㉜ 866
⓳ 288	㉖ 624	㉝ 884

② 일의 자리에서 올림이 있는 (세 자리 수) × (한 자리 수)

2일차

10쪽

❶ 560	❺ 820	❾ 630
❷ 372	❻ 642	❿ 978
❸ 274	❼ 675	⓫ 814
❹ 296	❽ 474	⓬ 870

11쪽

⓭ 721	⓴ 414	㉗ 924
⓮ 570	㉑ 645	㉘ 632
⓯ 468	㉒ 438	㉙ 984
⓰ 250	㉓ 896	㉚ 694
⓱ 387	㉔ 687	㉛ 850
⓲ 272	㉕ 472	㉜ 876
⓳ 294	㉖ 494	㉝ 898

③ 십, 백의 자리에서 올림이 있는 (세 자리 수) × (한 자리 수)

3일차

12쪽

❶ 302	❺ 1505	❾ 1506
❷ 516	❻ 1248	❿ 1328
❸ 928	❼ 1293	⓫ 1356
❹ 724	❽ 1066	⓬ 1146

13쪽

⓭ 705	⓴ 1648	㉗ 1620
⓮ 648	㉑ 1563	㉘ 1404
⓯ 386	㉒ 1248	㉙ 1416
⓰ 723	㉓ 1264	㉚ 3787
⓱ 849	㉔ 3505	㉛ 2248
⓲ 762	㉕ 2196	㉜ 1364
⓳ 926	㉖ 3284	㉝ 2259

④ (몇십) × (몇십)

14쪽

❶ 300	❺ 1500	❾ 3000
❷ 400	❻ 2100	❿ 1200
❸ 200	❼ 1600	⓫ 2100
❹ 600	❽ 2800	⓬ 1600

15쪽

⓭ 500	⓴ 3200	㉗ 3500
⓮ 900	㉑ 1500	㉘ 4200
⓯ 1200	㉒ 4500	㉙ 2400
⓰ 1600	㉓ 3000	㉚ 4800
⓱ 600	㉔ 3600	㉛ 6400
⓲ 2700	㉕ 5400	㉜ 3600
⓳ 2400	㉖ 1400	㉝ 6300

⑤ (몇십몇) × (몇십)

16쪽

❶ 960	❺ 680	❾ 2240
❷ 600	❻ 1140	❿ 4270
❸ 1260	❼ 2940	⓫ 4380
❹ 1350	❽ 1470	⓬ 1700

17쪽

⓭ 260	⓴ 1410	㉗ 1580
⓮ 480	㉑ 2080	㉘ 3240
⓯ 880	㉒ 1160	㉙ 4150
⓰ 1750	㉓ 5580	㉚ 2520
⓱ 2480	㉔ 3300	㉛ 5520
⓲ 1110	㉕ 5760	㉜ 4750
⓳ 2150	㉖ 2220	㉝ 3880

⑥ (몇) × (몇십몇)

18쪽

❶ 26	❺ 108	❾ 234
❷ 48	❻ 204	❿ 112
❸ 45	❼ 210	⓫ 192
❹ 96	❽ 365	⓬ 369

19쪽

⓭ 64	⓴ 290	㉗ 427
⓮ 102	㉑ 415	㉘ 272
⓯ 138	㉒ 102	㉙ 576
⓰ 219	㉓ 336	㉚ 680
⓱ 144	㉔ 564	㉛ 189
⓲ 248	㉕ 175	㉜ 477
⓳ 95	㉖ 294	㉝ 783

⑦ 올림이 한 번 있는 (몇십몇) × (몇십몇)

20쪽

❶ 300
❷ 609
❸ 496
❹ 2132
❺ 636
❻ 1159
❼ 864
❽ 2542
❾ 1729

21쪽

❿ 636
⓫ 546
⓬ 256
⓭ 779
⓮ 1134
⓯ 989
⓰ 837
⓱ 448
⓲ 777
⓳ 697
⓴ 559
㉑ 1071
㉒ 728
㉓ 3111
㉔ 819
㉕ 888
㉖ 1215
㉗ 3772

⑧ 올림이 여러 번 있는 (몇십몇) × (몇십몇)

8일 차

22쪽

❶ 826
❷ 1081
❸ 1216
❹ 1305
❺ 4674
❻ 4608
❼ 2025
❽ 4644
❾ 3496

23쪽

❿ 360
⓫ 608
⓬ 1254
⓭ 1575
⓮ 2870
⓯ 2368
⓰ 1890
⓱ 1392
⓲ 2014
⓳ 2714
⓴ 2046
㉑ 2856
㉒ 3796
㉓ 3268
㉔ 2184
㉕ 4611
㉖ 5766
㉗ 3705

⑨ 그림에서 두 수의 곱셈하기

⑩ 두 수의 곱 구하기

9일 차

24쪽 ❗ 정답을 위에서부터 확인합니다.

❶ 608, 2736
❷ 381, 508
❸ 1200, 3600
❹ 1530, 816
❺ 114, 318
❻ 1886, 3034

25쪽

❼ 630
❽ 936
❾ 2527
❿ 4000
⓫ 3600
⓬ 255
⓭ 1302
⓮ 2185

⑪ 곱하는 수를 2와 ■의 곱으로 나타내어 계산하기

10일 차

26쪽 ❗ 정답을 계산 순서대로 확인합니다.

❶ 30, 240, 240
❷ 50, 350, 350
❸ 70, 420, 420
❹ 90, 810, 810
❺ 110, 880, 880
❻ 130, 910, 910

27쪽

❼ 7, 30, 210, 210
❽ 8, 50, 400, 400
❾ 9, 70, 630, 630
❿ 6, 90, 540, 540
⓫ 8, 90, 720, 720
⓬ 9, 110, 990, 990
⓭ 6, 130, 780, 780
⓮ 7, 150, 1050, 1050

⑫ (몇십몇) × (몇십몇)에서 곱하는 수를
　몇십으로 만들어 계산하기

⑬ (몇십몇) × (몇십몇)에서 곱해지는 수를
　몇십으로 만들어 계산하기

11일 차

28쪽 ❶ 정답을 위에서부터 확인합니다.

❶ 494, 26, 520　　　❹ 2544, 53, 2650
❷ 1015, 35, 1050　　❺ 814, 22, 880
❸ 1558, 41, 1640　　❻ 3477, 61, 3660

29쪽

❼ 957, 33, 990　　　❿ 4828, 71, 4970
❽ 3658, 62, 3720　　⓫ 2632, 56, 2800
❾ 912, 24, 960　　　⓬ 924, 12, 960

⑭ 곱셈식 완성하기

12일 차

30쪽 ❶ 정답을 위에서부터 확인합니다.

❶ 9, 6　　❹ 4, 2
❷ 5, 8　　❺ 4, 3
❸ 7, 0　　❻ 2, 4

31쪽

❼ 2, 8, 4　　❿ 6, 7, 8
❽ 3, 1, 3　　⓫ 4, 2, 6
❾ 1, 4, 8　　⓬ 4, 3, 3

❶
$$\begin{array}{r} 2\ 0\ ㉠ \\ \times\quad\ \ 3 \\ \hline ㉡\ 2\ 7 \end{array}$$
· ㉠×3의 일의 자리 수: 7 ⇨ ㉠=9
· 209×3=627 ⇨ ㉡=6

❷
$$\begin{array}{r} 4\ 9\ 6 \\ \times\quad\ ㉠ \\ \hline 2\ 4\ ㉡\ 0 \end{array}$$
· 6×㉠의 일의 자리 수: 0 ⇨ ㉠=5
· 496×5=2480 ⇨ ㉡=8

❸
$$\begin{array}{r} 3\ ㉠ \\ \times\ 2\ 0 \\ \hline 7\ 4\ ㉡ \end{array}$$
· ㉠×0=㉡, ㉠×0=0 ⇨ ㉡=0
· ㉠×2의 일의 자리 수: 4 ⇨ ㉠=2 또는 ㉠=7
· 32×2=64(×), 37×2=74(○) ⇨ ㉠=7

❹
$$\begin{array}{r} 7\ 3 \\ \times\ ㉠\ 0 \\ \hline ㉡\ 9\ 2\ 0 \end{array}$$
· 3×㉠의 일의 자리 수: 2 ⇨ ㉠=4
· 73×40=2920 ⇨ ㉡=2

❺
$$\begin{array}{r} ㉠ \\ \times\ 3\ 4 \\ \hline 1\ ㉡\ 6 \end{array}$$
· ㉠×4의 일의 자리 수: 6 ⇨ ㉠=4 또는 ㉠=9
· 4×34=136(○), 9×34=306(×)
　⇨ ㉠=4, ㉡=3

❻
$$\begin{array}{r} 6 \\ \times\ 7\ ㉠ \\ \hline ㉡\ 3\ 2 \end{array}$$
· 6×㉠의 일의 자리 수: 2 ⇨ ㉠=2 또는 ㉠=7
· 6×72=432(○), 6×77=462(×)
　⇨ ㉠=2, ㉡=4

❼
$$\begin{array}{r} 1\ ㉠ \\ \times\ 4\ 7 \\ \hline ㉡\ 4 \\ ㉢\ 8\ 0 \\ \hline 5\ 6\ 4 \end{array}$$
· ㉠×7의 일의 자리 수: 4 ⇨ ㉠=2
· 12×7=84 ⇨ ㉡=8
· 12×40=480 ⇨ ㉢=4

❽
$$\begin{array}{r} 5\ 3 \\ \times\ 1\ ㉠ \\ \hline ㉡\ 5\ 9 \\ 5\ ㉢\ 0 \\ \hline 6\ 8\ 9 \end{array}$$
· 3×㉠의 일의 자리 수: 9 ⇨ ㉠=3
· 53×3=159 ⇨ ㉡=1
· 53×10=530 ⇨ ㉢=3

❾
$$\begin{array}{r} 8\ 2 \\ \times\ ㉠\ 2 \\ \hline 1\ 6\ ㉡ \\ ㉢\ 2\ 0 \\ \hline 9\ 8\ 4 \end{array}$$
· 82×2=164 ⇨ ㉡=4
· 2×㉠의 일의 자리 수: 2 ⇨ ㉠=1 또는 ㉠=6
· 1+㉢=9 ⇨ ㉢=8
· 82×10=820(○), 82×60=4920(×) ⇨ ㉠=1

❿
$$\begin{array}{r} 3\ ㉠ \\ \times\ 5\ 2 \\ \hline ㉡\ 2 \\ 1\ ㉢\ 0\ 0 \\ \hline 1\ 8\ 7\ 2 \end{array}$$
· ㉠×2의 일의 자리 수: 2 ⇨ ㉠=1 또는 ㉠=6
· ㉡+0=7 ⇨ ㉡=7
· ㉢=8
· 31×2=62(×), 36×2=72(○) ⇨ ㉠=6

⓫
$$\begin{array}{r} 6\ 8 \\ \times\ 2\ ㉠ \\ \hline ㉡\ 7\ 2 \\ 1\ 3\ ㉢\ 0 \\ \hline 1\ 6\ 3\ 2 \end{array}$$
· 8×㉠의 일의 자리 수: 2 ⇨ ㉠=4 또는 ㉠=9
· 68×4=272(○), 68×9=612(×)
　⇨ ㉠=4, ㉡=2
· 68×20=1360 ⇨ ㉢=6

⓬
$$\begin{array}{r} 7\ 7 \\ \times\ ㉠\ 9 \\ \hline 6\ 9\ ㉡ \\ ㉢\ 0\ 8\ 0 \\ \hline 3\ 7\ 7\ 3 \end{array}$$
· 77×9=693 ⇨ ㉡=3
· 7×㉠의 일의 자리 수: 8 ⇨ ㉠=4
· 77×40=3080 ⇨ ㉢=3

⑮ 곱이 가장 큰 곱셈식 만들기

⑯ 곱이 가장 작은 곱셈식 만들기

32쪽

❶ 5, 2, 1, 7 / 3647

❷ 6, 3, 2, 9 / 5688

❸ 5, 4, 2, 7 / 3794

❹ 9, 1, 4, 3(또는 4, 3, 9, 1)
 / 3913

❺ 8, 4, 7, 5(또는 7, 5, 8, 4)
 / 6300

❻ 9, 2, 8, 6(또는 8, 6, 9, 2)
 / 7912

33쪽

❼ 5, 6, 7, 2 / 1134

❽ 4, 6, 9, 2 / 938

❾ 5, 7, 8, 3 / 1734

❿ 1, 4, 3, 6(또는 3, 6, 1, 4)
 / 504

⓫ 1, 5, 4, 9(또는 4, 9, 1, 5)
 / 735

⓬ 3, 8, 4, 9(또는 4, 9, 3, 8)
 / 1862

⑰ 곱셈 문장제

34쪽

❶ 50, 40, 2000 / 2000원

❷ 6, 27, 162 / 162명

❸ 27, 15, 405 / 405개

35쪽

❹ $129 \times 5 = 645$ / 645 g

❺ $48 \times 30 = 1440$ / 1440쪽

❻ $8 \times 62 = 496$ / 496자루

❼ $16 \times 23 = 368$ / 368 m

❹ (아이스크림 5컵의 무게)
 =(아이스크림 한 컵의 무게)×(컵의 수)
 $= 129 \times 5 = 645$(g)

❺ (30일 동안 읽을 수 있는 동화책의 쪽수)
 =(하루에 읽는 동화책의 쪽수)×(날수)
 $= 48 \times 30 = 1440$(쪽)

❻ (필요한 연필의 수)
 =(한 명에게 주는 연필의 수)×(사람 수)
 $= 8 \times 62 = 496$(자루)

❼ (모자 23개를 만드는 데 필요한 털실의 길이)
 =(모자 한 개를 만드는 데 필요한 털실의 길이)×(모자의 수)
 $= 16 \times 23 = 368$(m)

⑱ 덧셈(뺄셈)과 곱셈 문장제

36쪽

❶ 8, 20, 20, 800 / 800장

❷ 5, 15, 15, 135 / 135개

37쪽

❸ 483 cm

❹ 2250개

❺ 533명

❸ (선물 상자 한 개를 포장하는 데 필요한 끈의 길이)
 $= 76 + 85 = 161$(cm)
 ⇨ (선물 상자 3개를 포장하는 데 필요한 끈의 길이)
 $= 161 \times 3 = 483$(cm)

❹ (어제와 오늘 판 귤의 상자 수)$= 14 + 16 = 30$(상자)
 ⇨ (어제와 오늘 판 귤의 수)$= 75 \times 30 = 2250$(개)

❺ (버스 한 대에 탄 학생 수)$= 45 - 4 = 41$(명)
 ⇨ (버스에 탄 학생 수)$= 41 \times 13 = 533$(명)

⑲ 바르게 계산한 값 구하기

38쪽

❶ 93, 93, 73, 73, 1460 / 1460
❷ 69, 69, 38, 38, 1178 / 1178

39쪽

❸ 2070
❹ 120
❺ 1344

❸ 어떤 수를 □라 하면
□+6=351 ⇨ 351−6=□, □=345입니다.
따라서 바르게 계산한 값은 345×6=2070입니다.

❹ 어떤 수를 □라 하면
□+15=23 ⇨ 23−15=□, □=8입니다.
따라서 바르게 계산한 값은 8×15=120입니다.

❺ 어떤 수를 □라 하면
56+□=80 ⇨ 80−56=□, □=24입니다.
따라서 바르게 계산한 값은 56×24=1344입니다.

평가 1. 곱셈

40쪽

1 416	7 248
2 2048	8 951
3 2000	9 2405
4 720	10 2800
5 203	11 5580
6 3321	12 512
	13 949
	14 3060

41쪽

15 105×6=630	18 2500원
/ 630개	19 2660
16 12×26=312	20 9, 2, 7, 3(또는 7, 3, 9, 2)
/ 312권	/ 6716
17 1768개	

15 (6상자에 들어 있는 밤의 수)
= (한 상자에 들어 있는 밤의 수)×(상자의 수)
= 105×6=630(개)

16 (필요한 공책의 수)
= (한 명에게 주는 공책의 수)×(사람 수)
= 12×26=312(권)

17 (㉮와 ㉯ 공장에서 한 시간 동안 만드는 장난감의 수)
= 125+96=221(개)
⇨ (㉮와 ㉯ 공장에서 8시간 동안 만드는 장난감의 수)
= 221×8=1768(개)

18 (저금통에 남은 동전의 수)=100−50=50(개)
⇨ (저금통에 남은 금액)=50×50=2500(원)

19 어떤 수를 □라 하면
□+70=108 ⇨ 108−70=□, □=38입니다.
따라서 바르게 계산한 값은 38×70=2660입니다.

20 9>7>3>2이므로 곱이 가장 큰 곱셈식은
92×73=6716 또는 73×92=6716입니다.

2. 나눗셈

① 내림이 없는 (몇십)÷(몇)   ② 내림이 있는 (몇십)÷(몇)

44쪽

❶ 20	❹ 10	❽ 10
❷ 10	❺ 10	❾ 20
❸ 10	❻ 30	❿ 30
	❼ 10	⓫ 10

45쪽

⓬ 15	⓯ 15	⓳ 16
⓭ 15	⓰ 12	⓴ 45
⓮ 14	⓱ 35	㉑ 18
	⓲ 14	㉒ 15

③ 내림이 없는 (몇십몇)÷(몇)

46쪽

❶ 11	❹ 21	❼ 21
❷ 12	❺ 24	❽ 11
❸ 13	❻ 11	❾ 22

47쪽

❿ 13	⓱ 31	㉔ 21
⓫ 14	⓲ 32	㉕ 43
⓬ 11	⓳ 22	㉖ 44
⓭ 22	⓴ 34	㉗ 11
⓮ 11	㉑ 23	㉘ 31
⓯ 23	㉒ 41	㉙ 32
⓰ 12	㉓ 42	㉚ 33

④ 내림이 있는 (몇십몇)÷(몇)

48쪽

❶ 16	❹ 16	❼ 13
❷ 17	❺ 13	❽ 12
❸ 14	❻ 28	❾ 39

49쪽

❿ 18	⓱ 16	㉔ 29
⓫ 19	⓲ 36	㉕ 13
⓬ 15	⓳ 15	㉖ 23
⓭ 18	⓴ 26	㉗ 19
⓮ 14	㉑ 27	㉘ 24
⓯ 19	㉒ 14	㉙ 12
⓰ 29	㉓ 17	㉚ 49

⑤ 내림이 없고 나머지가 있는 (몇십몇)÷(몇)

4일차

50쪽

❶ 5…1	❹ 7…4	❼ 13…1
❷ 6…1	❺ 8…2	❽ 11…3
❸ 6…3	❻ 7…5	❾ 21…2

51쪽

❿ 6…1	⑰ 5…7	㉔ 12…1
⑪ 4…3	⑱ 8…4	㉕ 22…1
⑫ 8…2	⑲ 6…2	㉖ 11…3
⑬ 5…3	⑳ 8…4	㉗ 20…2
⑭ 5…1	㉑ 8…2	㉘ 11…1
⑮ 5…2	㉒ 7…8	㉙ 22…1
⑯ 8…4	㉓ 9…3	㉚ 32…1

⑥ 내림이 있고 나머지가 있는 (몇십몇)÷(몇)

5일차

52쪽

❶ 18…1	❹ 16…2	❼ 12…3
❷ 14…2	❺ 13…3	❽ 12…1
❸ 13…1	❻ 24…2	❾ 13…2

53쪽

❿ 16…1	⑰ 15…2	㉔ 16…2
⑪ 19…1	⑱ 13…2	㉕ 13…5
⑫ 13…2	⑲ 17…1	㉖ 29…1
⑬ 14…1	⑳ 23…2	㉗ 13…1
⑭ 13…2	㉑ 12…2	㉘ 23…3
⑮ 18…1	㉒ 15…1	㉙ 19…1
⑯ 14…3	㉓ 38…1	㉚ 14…1

⑦ 나머지가 없는 (세 자리 수)÷(한 자리 수)

6일차

54쪽

❶ 130	❹ 150	❼ 94
❷ 63	❺ 85	❽ 205
❸ 107	❻ 120	❾ 304

55쪽

❿ 121	⑰ 125	㉔ 86
⑪ 135	⑱ 104	㉕ 391
⑫ 112	⑲ 97	㉖ 275
⑬ 64	⑳ 121	㉗ 168
⑭ 200	㉑ 204	㉘ 142
⑮ 116	㉒ 156	㉙ 309
⑯ 96	㉓ 92	㉚ 240

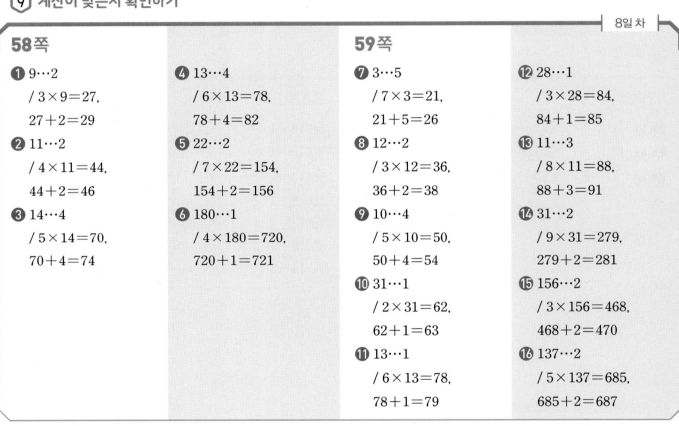

⑧ 나머지가 있는 (세 자리 수)÷(한 자리 수)

7일차

56쪽

❶ 110⋯1
❷ 105⋯2
❸ 64⋯3
❹ 140⋯2
❺ 97⋯2
❻ 82⋯3
❼ 82⋯4
❽ 160⋯4
❾ 107⋯2

57쪽

❿ 107⋯1
⓫ 72⋯3
⓬ 164⋯1
⓭ 118⋯1
⓮ 145⋯1
⓯ 116⋯3
⓰ 79⋯5
⓱ 72⋯2
⓲ 106⋯2
⓳ 147⋯2
⓴ 207⋯1
㉑ 131⋯1
㉒ 85⋯3
㉓ 352⋯1
㉔ 152⋯4
㉕ 87⋯8
㉖ 270⋯2
㉗ 105⋯7
㉘ 125⋯2
㉙ 112⋯4
㉚ 107⋯5

⑨ 계산이 맞는지 확인하기

8일차

58쪽

❶ 9⋯2
/ $3 \times 9 = 27$,
$27 + 2 = 29$

❷ 11⋯2
/ $4 \times 11 = 44$,
$44 + 2 = 46$

❸ 14⋯4
/ $5 \times 14 = 70$,
$70 + 4 = 74$

❹ 13⋯4
/ $6 \times 13 = 78$,
$78 + 4 = 82$

❺ 22⋯2
/ $7 \times 22 = 154$,
$154 + 2 = 156$

❻ 180⋯1
/ $4 \times 180 = 720$,
$720 + 1 = 721$

59쪽

❼ 3⋯5
/ $7 \times 3 = 21$,
$21 + 5 = 26$

❽ 12⋯2
/ $3 \times 12 = 36$,
$36 + 2 = 38$

❾ 10⋯4
/ $5 \times 10 = 50$,
$50 + 4 = 54$

❿ 31⋯1
/ $2 \times 31 = 62$,
$62 + 1 = 63$

⓫ 13⋯1
/ $6 \times 13 = 78$,
$78 + 1 = 79$

⓬ 28⋯1
/ $3 \times 28 = 84$,
$84 + 1 = 85$

⓭ 11⋯3
/ $8 \times 11 = 88$,
$88 + 3 = 91$

⓮ 31⋯2
/ $9 \times 31 = 279$,
$279 + 2 = 281$

⓯ 156⋯2
/ $3 \times 156 = 468$,
$468 + 2 = 470$

⓰ 137⋯2
/ $5 \times 137 = 685$,
$685 + 2 = 687$

⑩ 큰 수를 작은 수로 나눈 몫 구하기

⑪ 그림에서 두 수의 나눗셈하기

9일차

60쪽

❶ 20
❷ 12
❸ 12
❹ 32
❺ 19
❻ 12
❼ 160
❽ 112

61쪽 ❗ 정답을 위에서부터 확인합니다.

❾ 6, 2 / 5, 6
❿ 12, 1 / 11, 4
⓫ 8, 1 / 57, 3
⓬ 13, 4 / 14, 1
⓭ 13, 3 / 42, 6
⓮ 48, 3 / 172, 2

10일 차

62쪽

❶ 20
❷ 40
❸ 12
❹ 31
❺ 14
❻ 25
❼ 14
❽ 11
❾ 23
❿ 15

63쪽

⓫ 28
⓬ 16
⓭ 15
⓮ 35
⓯ 107
⓰ 128
⓱ 13
⓲ 14
⓳ 43
⓴ 71
㉑ 145
㉒ 214

❶ □=60÷3=20
❷ □=80÷2=40
❸ □=48÷4=12
❹ □=93÷3=31
❺ □=56÷4=14
❻ □=50÷2=25
❼ □=70÷5=14
❽ □=66÷6=11
❾ □=69÷3=23
❿ □=75÷5=15
⓫ □=84÷3=28
⓬ □=96÷6=16
⓭ □=120÷8=15
⓮ □=140÷4=35
⓯ □=535÷5=107
⓰ □=768÷6=128
⓱ □=78÷6=13
⓲ □=98÷7=14
⓳ □=172÷4=43
⓴ □=213÷3=71
㉑ □=725÷5=145
㉒ □=856÷4=214

11일 차

64쪽

❶ 46
❷ 88
❸ 68
❹ 72
❺ 96
❻ 37
❼ 43
❽ 67
❾ 59
❿ 67

65쪽

⓫ 85
⓬ 62
⓭ 75
⓮ 77
⓯ 88
⓰ 89
⓱ 127
⓲ 272
⓳ 365
⓴ 429
㉑ 526
㉒ 624

❶ □=2×23=46
❷ □=8×11=88
❸ □=4×17=68
❹ □=3×24=72
❺ □=2×48=96
❻ 4×9=36, 36+1=37 ⇨ □=37
❼ 5×8=40, 40+3=43 ⇨ □=43
❽ 7×9=63, 63+4=67 ⇨ □=67
❾ 5×11=55, 55+4=59 ⇨ □=59
❿ 3×22=66, 66+1=67 ⇨ □=67
⓫ 2×42=84, 84+1=85 ⇨ □=85
⓬ 5×12=60, 60+2=62 ⇨ □=62
⓭ 4×18=72, 72+3=75 ⇨ □=75
⓮ 3×25=75, 75+2=77 ⇨ □=77
⓯ 7×12=84, 84+4=88 ⇨ □=88
⓰ 6×14=84, 84+5=89 ⇨ □=89
⓱ 3×42=126, 126+1=127 ⇨ □=127
⓲ 7×38=266, 266+6=272 ⇨ □=272
⓳ 8×45=360, 360+5=365 ⇨ □=365
⓴ 6×71=426, 426+3=429 ⇨ □=429
㉑ 9×58=522, 522+4=526 ⇨ □=526
㉒ 5×124=620, 620+4=624 ⇨ □=624

12일 차

66쪽

❶ 65÷2=32…1
❷ 64÷3=21…1
❸ 85÷3=28…1
❹ 86÷4=21…2
❺ 97÷4=24…1
❻ 98÷6=16…2

67쪽

❼ 12÷5=2…2
❽ 25÷8=3…1
❾ 36÷7=5…1
❿ 45÷6=7…3
⓫ 57÷9=6…3
⓬ 78÷9=8…6

68쪽 ❶ 정답을 위에서부터 확인합니다.

❶ 7, 4, 2, 4

❸ 1, 5, 1, 6

❷ 3, 7, 2, 1

❹ 3, 6, 6, 1

69쪽

❺ 7, 3, 3, 1

❽ 5, 9, 9, 5

❻ 1, 3, 3, 0

❾ 6, 0, 6, 0

❼ 1, 8, 9, 2

❿ 0, 4, 3, 3

❶
```
      1 ㉠
   2)3 ㉡
     ㉢
     1 ㉣
     1 4
       0
```
・$2\times1=㉢ \Rightarrow ㉢=2$
・$2\times㉠=14 \Rightarrow ㉠=7$
・$㉣-4=0 \Rightarrow ㉣=4$
・$㉡=㉣=4$

❷
```
      1 ㉠
   ㉡)9 1
     7
     ㉢㉣
     2 1
       0
```
・$㉡\times1=7 \Rightarrow ㉡=7$
・$9-7=㉢ \Rightarrow ㉢=2$
・$㉣=1$
・$㉡\times㉠=21 \Rightarrow 7\times㉠=21, ㉠=3$

❸
```
      ㉠ 4
   4)㉡ 8
     4
     1 8
     ㉢㉣
       2
```
・$4\times㉠=4 \Rightarrow ㉠=1$
・$㉡-4=1 \Rightarrow ㉡=5$
・$4\times4=㉢㉣ \Rightarrow ㉢=1, ㉣=6$

❹
```
      1 ㉠
   ㉡)7 9
     ㉢
     ㉣ 9
     1 8
       1
```
・$㉣9-18=1 \Rightarrow ㉣=1$
・$7-㉢=1 \Rightarrow ㉢=6$
・$㉡\times1=㉢ \Rightarrow ㉡\times1=6, ㉡=6$
・$㉡\times㉠=18 \Rightarrow 6\times㉠=18, ㉠=3$

❺
```
      2 ㉠
   ㉡)8 ㉢
     6
     2 3
     2 ㉣
       2
```
・$㉡\times2=6 \Rightarrow ㉡=3$
・$㉢=3$
・$3-㉣=2 \Rightarrow ㉣=1$
・$㉡\times㉠=2㉣ \Rightarrow 3\times㉠=21, ㉠=7$

❻
```
      ㉠ 8
   5)9 ㉡
     5
     4 ㉢
     4 ㉣
       3
```
・$5\times㉠=5 \Rightarrow ㉠=1$
・$5\times8=4㉣ \Rightarrow ㉣=0$
・$㉢-㉣=3 \Rightarrow ㉢-0=3, ㉢=3$
・$㉡=㉢=3$

❼
```
      ㉠ 2
   ㉡)㉢ 8
     8
     1 8
     1 6
       2
```
・$㉡\times2=16 \Rightarrow ㉡=8$
・$㉡\times㉠=8 \Rightarrow 8\times㉠=8, ㉠=1$
・$㉢-8=1 \Rightarrow ㉢=9$
・$18-16=㉣ \Rightarrow ㉣=2$

❽
```
      6 ㉠
   ㉡)5 8 ㉢
     5 4
     4 9
     4 ㉣
       4
```
・$㉡\times6=54 \Rightarrow ㉡=9$
・$㉢=9$
・$9-㉣=4 \Rightarrow ㉣=5$
・$㉡\times㉠=4㉣ \Rightarrow 9\times㉠=45, ㉠=5$

❾
```
      8 6
   8)㉠ 9 ㉡
     ㉢ 4
     5 ㉣
     4 8
       2
```
・$8\times8=㉢4 \Rightarrow ㉢=6$
・$㉠9-64=5 \Rightarrow ㉠=6$
・$5㉣-48=2 \Rightarrow ㉣=0$
・$㉡=㉣=0$

❿
```
      2 ㉠ 9
   ㉡)8 ㉢ 8
     8
     3 8
     ㉣ 6
       2
```
・$㉡\times2=8 \Rightarrow ㉡=4$
・$㉢=3$
・십의 자리 계산에서 3을 내린 후 바로 8을 내려 계산했으므로 ㉠=0
・$38-㉣6=2 \Rightarrow ㉣=3$

⑰ 나머지가 없는 나눗셈 문장제

70쪽

❶ 60, 5, 12 / 12개

❷ 76, 4, 19 / 19대

❸ 312, 3, 104 / 104장

71쪽

❹ $30\div2=15$ / 15상자

❺ $96\div6=16$ / 16마리

❻ $175\div7=25$ / 25일

❼ $212\div4=53$ / 53명

❹ (동화책을 포장한 상자의 수)
  =(전체 동화책의 수)÷(한 상자에 넣은 동화책의 수)
  =$30\div2=15$(상자)

❺ (개미의 수)
  =(전체 개미의 다리 수)÷(개미 한 마리의 다리 수)
  =$96\div6=16$(마리)

❻ (위인전을 읽는 데 걸리는 날수)
  =(전체 위인전의 쪽수)÷(하루에 읽는 쪽수)
  =$175\div7=25$(일)

❼ (구슬을 나누어 줄 수 있는 사람 수)
  =(전체 구슬의 수)÷(한 명에게 나누어 주는 구슬의 수)
  =$212\div4=53$(명)

⑱ 나머지가 있는 나눗셈 문장제

15일 차

72쪽

① 39, 5, 7, 4 / 7, 4
② 153, 6, 25, 3 / 25, 3

③ (전체 색종이의 수)÷(종이꽃 한 개를 만드는 데 필요한 색종이의 수)
 =42÷8=5…2
 ⇨ 종이꽃을 5개 만들 수 있고, 색종이는 2장이 남습니다.
④ (전체 감자의 수)÷(상자의 수)
 =67÷4=16…3
 ⇨ 한 상자에 감자를 16개씩 담을 수 있고, 3개가 남습니다.

73쪽

③ 42÷8=5…2 / 5, 2
④ 67÷4=16…3 / 16, 3
⑤ 275÷9=30…5 / 30, 5

⑤ (전체 끈의 길이)÷(선물 상자 한 개를 포장할 수 있는 끈의 길이)
 =275÷9=30…5
 ⇨ 선물 상자를 30개 포장할 수 있고, 끈은 5 m가 남습니다.

⑲ 곱셈과 나눗셈 문장제

16일 차

74쪽

① 5, 60, 60, 15 / 15개
② 4, 320, 320, 64 / 64일

③ (전체 꽃의 수)=11×8=88(송이)
 ⇨ (필요한 꽃병의 수)=88÷4=22(개)
④ (전체 지우개의 수)=15×5=75(개)
 ⇨ (한 명에게 줄 수 있는 지우개의 수)=75÷3=25(개)

75쪽

③ 22개
④ 25개
⑤ 27일

⑤ (전체 동화책의 쪽수)=18×9=162(쪽)
 ⇨ (준호가 동화책을 읽는 데 걸리는 날수)=162÷6=27(일)

⑳ 바르게 계산한 값 구하기(1)

17일 차

76쪽

① 225, 225, 45, 45, 9 / 9
② 776, 776, 97, 97, 12, 1 / 12 / 1

③ 어떤 수를 ☐라 하면
 ☐×7=539 ⇨ 539÷7=☐, ☐=77입니다.
 따라서 바르게 계산하면 77÷7=11입니다.
④ 어떤 수를 ☐라 하면
 ☐×4=252 ⇨ 252÷4=☐, ☐=63입니다.
 따라서 바르게 계산하면 63÷4=15…3입니다.

77쪽

③ 11
④ 15 / 3
⑤ 77 / 1

⑤ 어떤 수를 ☐라 하면
 ☐×3=696 ⇨ 696÷3=☐, ☐=232입니다.
 따라서 바르게 계산하면 232÷3=77…1입니다.

㉑ 바르게 계산한 값 구하기(2)

78쪽

❶ 6, 2, 6, 2, 38, 38, 38, 228 / 228

❷ 25, 6, 25, 6, 231, 231, 231, 2079 / 2079

79쪽

❸ 280

❹ 380

❺ 1778

❸ 어떤 수를 □라 하면
$\square \div 8 = 4 \cdots 3$
⇨ $8 \times 4 = 32$, $32 + 3 = 35 \to \square = 35$입니다.
따라서 바르게 계산하면 $35 \times 8 = 280$입니다.

❹ 어떤 수를 □라 하면
$\square \div 5 = 15 \cdots 1$
⇨ $5 \times 15 = 75$, $75 + 1 = 76 \to \square = 76$입니다.
따라서 바르게 계산하면 $76 \times 5 = 380$입니다.

❺ 어떤 수를 □라 하면
$\square \div 7 = 36 \cdots 2$
⇨ $7 \times 36 = 252$, $252 + 2 = 254 \to \square = 254$입니다.
따라서 바르게 계산하면 $254 \times 7 = 1778$입니다.

평가   2. 나눗셈

80쪽

1 25
2 33
3 15
4 20⋯3
5 15⋯4
6 87
7 92⋯7
8 26
9 22⋯2
10 46⋯1
11 31
12 117⋯4
13 9⋯3
   / $4 \times 9 = 36$,
   $36 + 3 = 39$
14 27⋯4
   / $7 \times 27 = 189$,
   $189 + 4 = 193$

81쪽

15 $92 \div 4 = 23$ / 23권
16 $156 \div 8 = 19 \cdots 4$
   / 19, 4
17 14개
18 $87 \div 5 = 17 \cdots 2$
19 12
20 616

15 (한 칸에 꽂는 책의 수)
   =(전체 책의 수)÷(책꽂이의 칸 수)
   =$92 \div 4 = 23$(권)
16 (전체 과자의 수)÷(한 명에게 나누어 주는 과자의 수)
   =$156 \div 8 = 19 \cdots 4$
   ⇨ 과자를 19명에게 나누어 줄 수 있고, 4개가 남습니다.
17 (전체 토마토의 수)=$12 \times 7 = 84$(개)
   ⇨ (한 상자에 담을 수 있는 토마토의 수)=$84 \div 6 = 14$(개)

19 어떤 수를 □라 하면
   $\square \times 6 = 432$ ⇨ $432 \div 6 = \square$, $\square = 72$입니다.
   따라서 바르게 계산하면 $72 \div 6 = 12$입니다.
20 어떤 수를 □라 하면
   $\square \div 7 = 12 \cdots 4$
   ⇨ $7 \times 12 = 84$, $84 + 4 = 88 \to \square = 88$입니다.
   따라서 바르게 계산하면 $88 \div 7 = 616$입니다.

3. 원

88쪽

89쪽

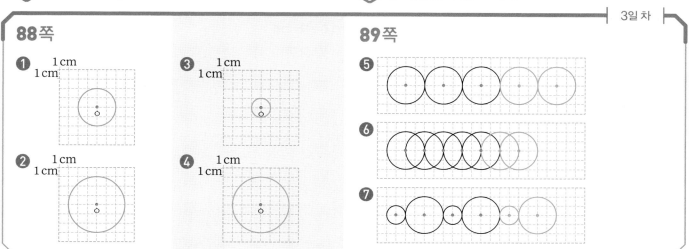

⑥ 모양을 그릴 때,
　컴퍼스의 침을 꽂아야 할 곳 찾기

⑦ 크기가 다른 원을 맞닿게 그렸을 때
　선분의 길이 구하기

4일차

90쪽

❶ 2군데　　　❹ 3군데
❷ 4군데　　　❺ 5군데
❸ 3군데　　　❻ 5군데

91쪽

❼ 11 cm　　　❿ 12 cm
❽ 15 cm　　　⓫ 16 cm
❾ 12 cm　　　⓬ 16 cm

❼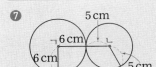
(선분 ㄱㄴ)=6+5=11(cm)

❽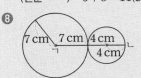
(선분 ㄱㄴ)=7+4+4=15(cm)

❾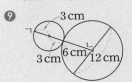
(선분 ㄱㄴ)=3+3+6=12(cm)

❿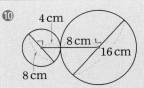
(선분 ㄱㄴ)=4+8=12(cm)

⓫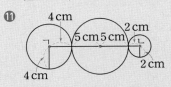
(선분 ㄱㄴ)=4+5+5+2=16(cm)

⓬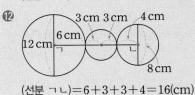
(선분 ㄱㄴ)=6+3+3+4=16(cm)

⑧ 큰 원 안에 맞닿아 있는 크기가 같은
　작은 원의 반지름 구하기

⑨ 크기가 같은 원의 중심을 이어 만든 도형의
　모든 변의 길이의 합 구하기

5일차

92쪽

❶ 3 cm　　　❹ 2 cm
❷ 2 cm　　　❺ 2 cm
❸ 3 cm　　　❻ 3 cm

93쪽

❼ 32 cm　　　❿ 60 cm
❽ 48 cm　　　⓫ 40 cm
❾ 36 cm　　　⓬ 30 cm

❶ (작은 원의 반지름)=(큰 원의 반지름)÷2=6÷2=3(cm)
❷ (작은 원의 반지름)=(큰 원의 반지름)÷4=8÷4=2(cm)
❸ (작은 원의 반지름)=(큰 원의 반지름)÷3=9÷3=3(cm)
❹ (작은 원의 반지름)=(큰 원의 반지름)÷4=8÷4=2(cm)
❺ (작은 원의 반지름)=(큰 원의 반지름)÷6=12÷6=2(cm)
❻ (작은 원의 반지름)=(큰 원의 반지름)÷4=12÷4=3(cm)
❼ (사각형의 한 변의 길이)=4×2=8(cm)
　⇨ (사각형의 네 변의 길이의 합)=8+8+8+8=32(cm)
❽ (사각형의 한 변의 길이)=6×2=12(cm)
　⇨ (사각형의 네 변의 길이의 합)=12+12+12+12=48(cm)

❾ (삼각형의 한 변의 길이)=3×4=12(cm)
　⇨ (삼각형의 세 변의 길이의 합)=12+12+12=36(cm)
❿ 사각형의 각 변의 길이를 구하면
　5×4=20(cm)인 변이 2개, 5×2=10(cm)인 변이 2개입니다.
　⇨ (사각형의 네 변의 길이의 합)=20+20+10+10=60(cm)
⓫ 사각형의 각 변의 길이를 구하면
　4×2=8(cm)인 변이 3개, 4×4=16(cm)인 변이 1개입니다.
　⇨ (사각형의 네 변의 길이의 합)=8+8+8+16=40(cm)
⓬ (오각형의 한 변의 길이)=3×2=6(cm)
　⇨ (오각형의 모든 변의 길이의 합)=6+6+6+6+6=30(cm)

94쪽

1 4

2 9

3 선분 ㄴㅁ

　/ 선분 ㄴㅁ

4 선분 ㄷㅂ

　/ 선분 ㄷㅂ

5 6 cm / 12 cm

6 8 cm / 16 cm

7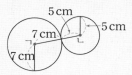

8

95쪽

9 2군데

10 3군데

11 12 cm

12 14 cm

13 3 cm

14 3 cm

15 24 cm

16 40 cm

---

7 원의 반지름은 변하지 않고, 원의 중심은 오른쪽으로 모눈 3칸씩
   이동하는 규칙입니다.

8 원의 반지름은 모눈 2칸, 1칸이 반복되고, 원의 중심은 오른쪽으로
   모눈 2칸씩 이동하는 규칙입니다.

11

5 cm
7 cm
5 cm
7 cm

(선분 ㄱㄴ)＝7＋5＝12(cm)

12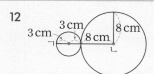

3 cm　3 cm　8 cm
8 cm

(선분 ㄱㄴ)＝3＋3＋8＝14(cm)

13 (작은 원의 반지름)＝(큰 원의 반지름)÷4＝12÷4＝3(cm)

14 (작은 원의 반지름)＝(큰 원의 반지름)÷5＝15÷5＝3(cm)

15 (삼각형의 한 변의 길이)＝4×2＝8(cm)
   ⇨ (삼각형의 세 변의 길이의 합)＝8＋8＋8＝24(cm)

16 (사각형의 한 변의 길이)＝5×2＝10(cm)
   ⇨ (사각형의 네 변의 길이의 합)＝10＋10＋10＋10＝40(cm)

4. 분수

① 부분은 전체의 얼마인지 분수로 나타내기

1일차

98쪽

❶ 6, $\frac{1}{6}$

❷ 5, $\frac{2}{5}$

❸ 3, $\frac{2}{3}$

❹ 8, $\frac{3}{8}$

99쪽

❺ 2, $\frac{1}{2}$

❻ 4, $\frac{3}{4}$

❼ 3, $\frac{2}{3}$

❽ 6, $\frac{5}{6}$

② 자연수에 대한 분수만큼 알아보기

2일차

100쪽

❶ 2, 4

❷ 2, 6

❸ 3, 9

101쪽

❹ 2, 14

❺ 4, 8

❻ 3, 15

❼ 5, 25

③ 길이에 대한 분수만큼 알아보기

3일차

102쪽

❶ 3, 6

❷ 2, 10

❸ 3, 6

103쪽

❹ 2, 6

❺ 5, 20

❻ 3, 24

❼ 5, 25

104쪽

① 진 ⑥ 진 ⑪ 대
② 가 ⑦ 가 ⑫ 가
③ 대 ⑧ 가 ⑬ 진
④ 진 ⑨ 진 ⑭ 대
⑤ 대 ⑩ 대 ⑮ 가

105쪽

⑯ $\frac{5}{8}$, $\frac{3}{7}$, $\frac{7}{10}$ / $\frac{13}{5}$, $\frac{20}{9}$, $\frac{5}{3}$ / $2\frac{1}{6}$, $3\frac{1}{4}$

⑰ $\frac{1}{4}$, $\frac{7}{9}$, $\frac{2}{11}$ / $\frac{9}{5}$, $\frac{7}{2}$ / $1\frac{2}{3}$, $3\frac{4}{7}$, $4\frac{3}{8}$

⑱ $\frac{5}{7}$, $\frac{4}{9}$, $\frac{3}{5}$ / $\frac{6}{6}$, $\frac{16}{9}$ / $5\frac{2}{5}$, $1\frac{3}{4}$, $3\frac{8}{13}$

⑲ $\frac{9}{14}$, $\frac{2}{7}$ / $\frac{5}{5}$, $\frac{9}{2}$, $\frac{13}{12}$ / $1\frac{5}{8}$, $2\frac{7}{10}$, $1\frac{4}{15}$

⑤ 대분수를 가분수로 나타내기

106쪽

① $\frac{5}{2}$ ⑥ $\frac{25}{7}$ ⑪ $\frac{31}{10}$
② $\frac{5}{3}$ ⑦ $\frac{33}{7}$ ⑫ $\frac{31}{12}$
③ $\frac{17}{4}$ ⑧ $\frac{19}{8}$ ⑬ $\frac{19}{14}$
④ $\frac{12}{5}$ ⑨ $\frac{37}{8}$ ⑭ $\frac{37}{18}$
⑤ $\frac{29}{6}$ ⑩ $\frac{25}{9}$ ⑮ $\frac{46}{21}$

⑥ 가분수를 대분수로 나타내기

107쪽

⑯ $1\frac{1}{2}$ ㉑ $3\frac{1}{7}$ ㉖ $2\frac{2}{11}$
⑰ $1\frac{1}{3}$ ㉒ $2\frac{1}{8}$ ㉗ $1\frac{5}{12}$
⑱ $2\frac{3}{4}$ ㉓ $2\frac{7}{8}$ ㉘ $2\frac{3}{14}$
⑲ $3\frac{4}{5}$ ㉔ $1\frac{5}{9}$ ㉙ $1\frac{3}{16}$
⑳ $3\frac{1}{6}$ ㉕ $1\frac{7}{10}$ ㉚ $2\frac{3}{20}$

⑦ 분모가 같은 가분수의 크기 비교

108쪽

① < ⑥ > ⑪ >
② > ⑦ < ⑫ <
③ < ⑧ < ⑬ >
④ > ⑨ > ⑭ <
⑤ < ⑩ < ⑮ >

⑧ 분모가 같은 대분수의 크기 비교

109쪽

⑯ > ㉑ > ㉖ >
⑰ < ㉒ < ㉗ >
⑱ > ㉓ < ㉘ >
⑲ < ㉔ > ㉙ <
⑳ > ㉕ < ㉚ <

⑨ 분모가 같은 가분수와 대분수의 크기 비교

7일 차

110쪽

❶ <	❻ <	⑪ >
❷ <	❼ <	⑫ =
❸ =	❽ >	⑬ >
❹ >	❾ <	⑭ >
❺ >	❿ >	⑮ <

111쪽

⑯ <	㉓ <	㉚ >
⑰ <	㉔ <	㉛ >
⑱ <	㉕ >	㉜ <
⑲ <	㉖ <	㉝ >
⑳ >	㉗ >	㉞ >
㉑ <	㉘ >	㉟ <
㉒ >	㉙ <	㊱ <

⑩ 나눗셈과 곱셈을 이용하여 자연수의 분수만큼 구하기

⑪ 부분의 양을 이용하여 전체의 양 구하기

8일 차

112쪽

❶ 4, 3, 9	❺ 3, 2, 14
❷ 7, 3, 6	❻ 9, 2, 8
❸ 5, 4, 12	❼ 7, 5, 30
❹ 6, 5, 15	❽ 8, 3, 21

113쪽

❾ 4	⑭ 18
❿ 14	⑮ 21
⑪ 12	⑯ 56
⑫ 15	⑰ 27
⑬ 18	⑱ 30

❾ $\square = 2 \times 2 = 4$
❿ $\square = 8 \div 4 \times 7 = 14$
⑪ $\square = 9 \div 3 \times 4 = 12$
⑫ $\square = 9 \div 3 \times 5 = 15$
⑬ $\square = 12 \div 2 \times 3 = 18$

⑭ $\square = 15 \div 5 \times 6 = 18$
⑮ $\square = 18 \div 6 \times 7 = 21$
⑯ $\square = 21 \div 3 \times 8 = 56$
⑰ $\square = 24 \div 8 \times 9 = 27$
⑱ $\square = 27 \div 9 \times 10 = 30$

114쪽　　　　　　　　　　　　　　　　　**115쪽**

① $7\frac{2}{3}$, $\frac{23}{3}$　　④ $3\frac{7}{9}$, $\frac{34}{9}$　　⑦ $\frac{9}{2}$, $4\frac{1}{2}$　　⑩ $\frac{7}{4}$, $1\frac{3}{4}$

② $6\frac{1}{5}$, $\frac{31}{5}$　　⑤ $4\frac{5}{9}$, $\frac{41}{9}$　　⑧ $\frac{5}{3}$, $1\frac{2}{3}$　　⑪ $\frac{9}{5}$, $1\frac{4}{5}$

③ $7\frac{5}{6}$, $\frac{47}{6}$　　⑥ $4\frac{7}{8}$, $\frac{39}{8}$　　⑨ $\frac{8}{3}$, $2\frac{2}{3}$　　⑫ $\frac{9}{7}$, $1\frac{2}{7}$

---

⑭ **분모가 같은 가분수와 대분수의 크기 비교 문장제**

116쪽　　　　　　　　　　　　　　　　　**117쪽**

① 5, 5, >, 파란색 / 파란색　　　　　　③ 어제

② 1, 2, 1, 2, <, 소미 / 소미　　　　　　④ 학교

　　　　　　　　　　　　　　　　　　　⑤ 미소

③ 하윤이가 어제 책을 읽은 시간을 가분수로 나타내면 $2\frac{1}{6}=\frac{13}{6}$입니다.

　⇨ $\frac{13}{6}>\frac{11}{6}$이므로 책을 더 오래 읽은 날은 어제입니다.

④ 지웅이네 집에서 학교까지의 거리를 가분수로 나타내면 $1\frac{3}{8}=\frac{11}{8}$

　입니다.

　⇨ $\frac{11}{8}<\frac{13}{8}$이므로 지웅이네 집에서 더 가까운 곳은 학교입니다.

⑤ 은우가 사용한 찰흙의 수를 대분수로 나타내면 $\frac{20}{9}=2\frac{2}{9}$입니다.

　⇨ $2\frac{2}{9}<2\frac{4}{9}$이므로 찰흙을 더 많이 사용한 사람은 미소입니다.

---

⑮ **남은 수를 구하는 문장제**

118쪽　　　　　　　　　　　　　　　　　**119쪽**

① $\frac{1}{3}$, 2, 2, 4 / 4개　　　　　　　　③ 21개

② $\frac{3}{5}$, 6, 6, 4 / 4개　　　　　　　　④ 15장

　　　　　　　　　　　　　　　　　　　⑤ 7 cm

③ 오전에 판 단팥빵은 28개의 $\frac{1}{4}$이므로 7개입니다.

　⇨ (오전에 팔고 남은 단팥빵 수)=28-7=21(개)

④ 누나에게 준 색종이는 40장의 $\frac{5}{8}$이므로 25장입니다.

　⇨ (누나에게 주고 남은 색종이 수)=40-25=15(장)

⑤ 선물을 포장하는 데 사용한 끈은 42 cm의 $\frac{5}{6}$이므로 35 cm입니다.

　⇨ (선물을 포장하고 남은 끈의 길이)=42-35=7(cm)

120쪽

❶ 6, 8 / 8조각

❷ 16, 28 / 28명

121쪽

❸ 12장

❹ 35 cm

❺ 144쪽

❸ 전체 색종이 수를 ☐장이라 하면 ☐장의 $\frac{5}{6}$가 10장입니다.

⇨ ☐=10÷5×6=12

❹ 전체 철사 길이를 ☐ cm라 하면 ☐ cm의 $\frac{4}{5}$가 28 cm입니다.

⇨ ☐=28÷4×5=35

❺ 문제집 전체 쪽수를 ☐쪽이라 하면 ☐쪽의 $\frac{2}{9}$가 32쪽입니다.

⇨ ☐=32÷2×9=144

평가 4. 분수

122쪽

1 4, $\frac{1}{4}$

2 2, 6

3 가

4 대

5 진

6 $\frac{17}{6}$

7 $\frac{10}{7}$

8 $2\frac{1}{4}$

9 $1\frac{5}{8}$

10 <

11 >

12 <

123쪽

13 10

14 $\frac{37}{5}$

15 $2\frac{1}{3}$

16 10자루

17 공원

18 27명

13 ☐=6÷3×5=10

14 $7\frac{2}{5}=\frac{37}{5}$

15 $\frac{7}{3}=2\frac{1}{3}$

16 친구에게 준 연필은 16자루의 $\frac{3}{8}$이므로 6자루입니다.

⇨ (친구에게 주고 남은 연필 수)=16-6=10(자루)

17 수아네 집에서 공원까지의 거리를 대분수로 나타내면 $\frac{5}{4}=1\frac{1}{4}$입니다.

⇨ $1\frac{1}{4}<1\frac{3}{4}$이므로 수아네 집과 더 가까운 곳은 공원입니다.

18 윤후네 반 학생 수를 ☐명이라 하면 ☐명의 $\frac{4}{9}$가 12명입니다.

⇨ ☐=12÷4×9=27

5. 들이와 무게

① 들이의 단위 1 L와 1 mL의 관계

126쪽

❶ 4000
❷ 7000
❸ 13000
❹ 36000

❺ 1300
❻ 3900
❼ 10060
❽ 21100

127쪽

❾ 2
❿ 5
⓫ 8
⓬ 14
⓭ 20
⓮ 41
⓯ 57

⓰ 1, 200
⓱ 3, 300
⓲ 4, 800
⓳ 7, 50
⓴ 11, 600
㉑ 29, 5
㉒ 30, 90

② 들이의 덧셈

128쪽

❶ 2 L 400 mL
❷ 5 L 600 mL
❸ 9 L 550 mL
❹ 8 L 950 mL

❺ 8 L 200 mL
❻ 9 L 500 mL
❼ 14 L 150 mL
❽ 14 L 420 mL

129쪽

❾ 2 L 800 mL
❿ 5 L 500 mL
⓫ 4 L 900 mL
⓬ 6 L 850 mL
⓭ 9 L 590 mL
⓮ 7 L 850 mL
⓯ 9 L 780 mL

⓰ 4 L 300 mL
⓱ 7 L 400 mL
⓲ 12 L
⓳ 9 L 640 mL
⓴ 8 L 150 mL
㉑ 11 L 200 mL
㉒ 11 L 320 mL

③ 들이의 뺄셈

130쪽

❶ 2 L 400 mL
❷ 2 L 300 mL
❸ 1 L 350 mL
❹ 5 L 450 mL

❺ 1 L 900 mL
❻ 2 L 300 mL
❼ 1 L 650 mL
❽ 6 L 540 mL

131쪽

❾ 1 L 500 mL
❿ 1 L 100 mL
⓫ 300 mL
⓬ 4 L 150 mL
⓭ 7 L 50 mL
⓮ 7 L 240 mL
⓯ 6 L 450 mL

⓰ 3 L 550 mL
⓱ 1 L 700 mL
⓲ 5 L 300 mL
⓳ 7 L 600 mL
⓴ 3 L 780 mL
㉑ 5 L 590 mL
㉒ 6 L 380 mL

132쪽

❶ 3 L 300 mL   ❺ 8 L 500 mL

❷ 7 L 700 mL   ❻ 8 L 100 mL

❸ 5 L 960 mL   ❼ 9 L 50 mL

❹ 9 L 750 mL   ❽ 10 L 530 mL

133쪽

❾ 2 L 400 mL   ⑬ 4 L 750 mL

❿ 3 L 700 mL   ⑭ 5 L 200 mL

⑪ 4 L 350 mL   ⑮ 6 L 900 mL

⑫ 4 L 150 mL   ⑯ 5 L 520 mL

134쪽   ⚠ 정답을 위에서부터 확인합니다.

❶ 1, 600   ❹ 4, 550

❷ 200, 5   ❺ 800, 2

❸ 3, 700   ❻ 900, 4

135쪽

❼ 3, 200   ❿ 7, 750

❽ 900, 1   ⑪ 300, 2

❾ 6, 900   ⑫ 100, 5

❶ • mL 단위: 300+□=900, □=600
  • L 단위: □+7=8, □=1

❷ • mL 단위: □+100=300, □=200
  • L 단위: 2+□=7, □=5

❸ • mL 단위: 500+□=200+1000, □=700
  • L 단위: 1+□+3=7, □=3

❹ • mL 단위: 800+□=350+1000, □=550
  • L 단위: 1+□+4=9, □=4

❺ • mL 단위: □+600=400+1000, □=800
  • L 단위: 1+5+□=8, □=2

❻ • mL 단위: □+250=150+1000, □=900
  • L 단위: 1+6+□=11, □=4

❼ • mL 단위: 800−□=600, □=200
  • L 단위: □−2=1, □=3

❽ • mL 단위: □−500=400, □=900
  • L 단위: 4−□=3, □=1

❾ • mL 단위: 1000+200−□=300, □=900
  • L 단위: □−1−4=1, □=6

❿ • mL 단위: 1000+550−□=800, □=750
  • L 단위: □−1−5=1, □=7

⑪ • mL 단위: 1000+□−600=700, □=300
  • L 단위: 8−1−□=5, □=2

⑫ • mL 단위: 1000+□−850=250, □=100
  • L 단위: 9−1−□=3, □=5

136쪽

❶ 1 L 200 mL+1 L 700 mL=2 L 900 mL

　/ 2 L 900 mL

❷ 2 L 600 mL+3 L 560 mL=6 L 160 mL

　/ 6 L 160 mL

137쪽

❸ 4 L 300 mL+2 L 600 mL=6 L 900 mL

　/ 6 L 900 mL

❹ 5 L 900 mL+1 L 400 mL=7 L 300 mL

　/ 7 L 300 mL

❺ 5400 mL+1 L 790 mL=7 L 190 mL

　/ 7 L 190 mL

❶ (포도 주스와 감귤 주스의 양의 합)

　=(포도 주스의 양)+(감귤 주스의 양)

　=1 L 200 mL+1 L 700 mL

　=2 L 900 mL

❷ (물통에 들어 있는 물의 양)

　=(찬물의 양)+(더운물의 양)

　=2 L 600 mL+3 L 560 mL

　=6 L 160 mL

❸ (사용한 우유와 식용유의 양의 합)

　=(사용한 우유의 양)+(사용한 식용유의 양)

　=4 L 300 mL+2 L 600 mL

　=6 L 900 mL

❹ (수조에 들어 있는 물의 양)

　=(처음에 들어 있던 물의 양)+(더 부은 물의 양)

　=5 L 900 mL+1 L 400 mL

　=7 L 300 mL

❺ (소금물과 설탕물의 양의 합)

　=(소금물의 양)+(설탕물의 양)

　=5400 mL+1 L 790 mL

　=5 L 400 mL+1 L 790 mL

　=7 L 190 mL

138쪽

❶ 2 L 500 mL−1 L 400 mL=1 L 100 mL

　/ 1 L 100 mL

❷ 5 L 200 mL−3 L 900 mL=1 L 300 mL

　/ 1 L 300 mL

139쪽

❸ 2 L 700 mL−1 L 300 mL=1 L 400 mL

　/ 1 L 400 mL

❹ 6 L 600 mL−1 L 750 mL=4 L 850 mL

　/ 4 L 850 mL

❺ 5000 mL−3 L 920 mL=1 L 80 mL

　/ 1 L 80 mL

❶ (남은 식초의 양)

　=(처음에 있던 식초의 양)−(사용한 식초의 양)

　=2 L 500 mL−1 L 400 mL

　=1 L 100 mL

❷ (어제 마신 물의 양)−(오늘 마신 물의 양)

　=5 L 200 mL−3 L 900 mL

　=1 L 300 mL

❸ (지우가 받은 물의 양)−(상미가 받은 물의 양)

　=2 L 700 mL−1 L 300 mL

　=1 L 400 mL

❹ (남은 물의 양)

　=(처음에 부은 물의 양)−(덜어 낸 물의 양)

　=6 L 600 mL−1 L 750 mL

　=4 L 850 mL

❺ (더 채워야 하는 간장의 양)

　=(항아리의 들이)−(들어 있는 간장의 양)

　=5000 mL−3 L 920 mL

　=5 L−3 L 920 mL

　=1 L 80 mL

⑩ 들이의 덧셈과 뺄셈 문장제

8일 차

140쪽

❶ 6, 500, 6, 500, 3, 100 / 3 L 100 mL

❷ 1, 400, 1, 400, 2, 900 / 2 L 900 mL

141쪽

❸ 3 L 900 mL

❹ 4 L 500 mL

❺ 1 L 850 mL

❸ (㉮ 물통과 ㉯ 물통에 들어 있는 물의 양의 합)
　＝1 L 700 mL＋2 L 800 mL
　＝4 L 500 mL
　⇨ (수조의 들이)
　　＝4 L 500 mL－600 mL
　　＝3 L 900 mL

❹ (사용하고 남은 꿀의 양)
　＝3 L 100 mL－1 L 300 mL＝1 L 800 mL
　⇨ (하은이네 집에 있는 꿀의 양)
　　＝1 L 800 mL＋2 L 700 mL＝4 L 500 mL

❺ (쿠키를 만들고 남은 우유의 양)
　＝6 L 500 mL－1 L 700 mL＝4 L 800 mL
　⇨ (빵을 만들고 남은 우유의 양)
　　＝4 L 800 mL－2 L 950 mL＝1 L 850 mL

⑪ 무게의 단위 1 kg, 1 g, 1 t의 관계

9일 차

142쪽

❶ 2000

❷ 3000

❸ 23000

❹ 35000

❺ 1700

❻ 7030

❼ 19600

❽ 43055

143쪽

❾ 4

❿ 8

⓫ 17

⓬ 1, 600

⓭ 3, 500

⓮ 7, 20

⓯ 24, 390

⓰ 2000

⓱ 4000

⓲ 12000

⓳ 3

⓴ 5

㉑ 8

㉒ 19

⑫ 무게의 덧셈

10일 차

144쪽

❶ 5 kg 400 g

❷ 7 kg 800 g

❸ 9 kg 750 g

❹ 8 kg 870 g

❺ 7 kg 500 g

❻ 7 kg 200 g

❼ 10 kg 350 g

❽ 14 kg 150 g

145쪽

❾ 4 kg 900 g

❿ 4 kg 500 g

⓫ 8 kg 600 g

⓬ 6 kg 750 g

⓭ 8 kg 850 g

⓮ 10 kg 680 g

⓯ 8 kg 790 g

⓰ 5 kg 400 g

⓱ 7 kg

⓲ 8 kg 260 g

⓳ 11 kg 200 g

⓴ 9 kg 150 g

㉑ 11 kg 10 g

㉒ 17 kg 410 g

⑬ 무게의 뺄셈

11일 차

146쪽

❶ 2 kg 700 g

❷ 2 kg 100 g

❸ 4 kg 350 g

❹ 8 kg 140 g

❺ 2 kg 700 g

❻ 5 kg 900 g

❼ 4 kg 850 g

❽ 3 kg 560 g

147쪽

❾ 1 kg 200 g

❿ 2 kg 200 g

⓫ 2 kg 700 g

⓬ 3 kg 350 g

⓭ 6 kg 250 g

⓮ 4 kg 520 g

⓯ 7 kg 120 g

⓰ 1 kg 900 g

⓱ 1 kg 800 g

⓲ 3 kg 500 g

⓳ 3 kg 750 g

⓴ 2 kg 550 g

㉑ 6 kg 830 g

㉒ 9 kg 650 g

⑭ 무게의 합 구하기

12일 차

148쪽

❶ 3 kg 400 g

❷ 7 kg 900 g

❸ 6 kg 450 g

❹ 10 kg 600 g

❺ 6 kg 100 g

❻ 6 kg 600 g

❼ 9 kg 550 g

❽ 17 kg 40 g

⑮ 무게의 차 구하기

149쪽

❾ 1 kg 600 g

❿ 3 kg 100 g

⓫ 2 kg 150 g

⓬ 6 kg 630 g

⓭ 800 g

⓮ 4 kg 700 g

⓯ 6 kg 650 g

⓰ 7 kg 740 g

⑯ 무게의 덧셈식 완성하기

13일 차

150쪽 ❗ 정답을 위에서부터 확인합니다.

❶ 2, 100

❷ 200, 2

❸ 4, 900

❹ 5, 800

❺ 500, 1

❻ 750, 3

⑰ 무게의 뺄셈식 완성하기

151쪽

❼ 2, 100

❽ 500, 2

❾ 4, 900

❿ 6, 750

⓫ 300, 2

⓬ 700, 4

❶ • g 단위: $100+\square=200$, $\square=100$
  • kg 단위: $\square+5=7$, $\square=2$

❷ • g 단위: $\square+600=800$, $\square=200$
  • kg 단위: $3+\square=5$, $\square=2$

❸ • g 단위: $400+\square=300+1000$, $\square=900$
  • kg 단위: $1+\square+1=6$, $\square=4$

❹ • g 단위: $350+\square=150+1000$, $\square=800$
  • kg 단위: $1+\square+3=9$, $\square=5$

❺ • g 단위: $\square+600=100+1000$, $\square=500$
  • kg 단위: $1+6+\square=8$, $\square=1$

❻ • g 단위: $\square+800=550+1000$, $\square=750$
  • kg 단위: $1+7+\square=11$, $\square=3$

❼ • g 단위: $900-\square=800$, $\square=100$
  • kg 단위: $\square-1=1$, $\square=2$

❽ • g 단위: $\square-200=300$, $\square=500$
  • kg 단위: $3-\square=1$, $\square=2$

❾ • g 단위: $1000+200-\square=300$, $\square=900$
  • kg 단위: $\square-1-1=2$, $\square=4$

❿ • g 단위: $1000+100-\square=350$, $\square=750$
  • kg 단위: $\square-1-2=3$, $\square=6$

⓫ • g 단위: $1000+\square-400=900$, $\square=300$
  • kg 단위: $6-1-\square=3$, $\square=2$

⓬ • g 단위: $1000+\square-950=750$, $\square=700$
  • kg 단위: $7-1-\square=2$, $\square=4$

⑱ 무게의 덧셈 문장제

152쪽

❶ 1 kg 500 g+2 kg 400 g=3 kg 900 g
/ 3 kg 900 g

❷ 3 kg 800 g+2 kg 600 g=6 kg 400 g
/ 6 kg 400 g

153쪽

❸ 8 kg 600 g+1 kg 200 g=9 kg 800 g
/ 9 kg 800 g

❹ 30 kg 400 g+3 kg 850 g=34 kg 250 g
/ 34 kg 250 g

❺ 2 kg 900 g+1260 g=4 kg 160 g / 4 kg 160 g

❶ (진수와 현호가 사용한 찰흙의 무게의 합)
=(진수가 사용한 찰흙의 무게)+(현호가 사용한 찰흙의 무게)
=1 kg 500 g+2 kg 400 g
=3 kg 900 g

❷ (집에 있는 고구마의 무게)
=(처음에 있던 고구마의 무게)+(더 사 온 고구마의 무게)
=3 kg 800 g+2 kg 600 g
=6 kg 400 g

❸ (쌀의 무게)
=(콩의 무게)+1 kg 200 g
=8 kg 600 g+1 kg 200 g
=9 kg 800 g

❹ (유희의 몸무게)+(강아지의 무게)
=30 kg 400 g+3 kg 850 g
=34 kg 250 g

❺ (소금과 설탕의 무게의 합)
=(소금의 무게)+(설탕의 무게)
=2 kg 900 g+1260 g
=2 kg 900 g+1 kg 260 g
=4 kg 160 g

⑲ 무게의 뺄셈 문장제

154쪽

❶ 7 kg 300 g−5 kg 200 g=2 kg 100 g
/ 2 kg 100 g

❷ 9 kg 500 g−6 kg 650 g=2 kg 850 g
/ 2 kg 850 g

155쪽

❸ 8 kg 600 g−7 kg 500 g=1 kg 100 g
/ 1 kg 100 g

❹ 34 kg 500 g−32 kg 800 g=1 kg 700 g
/ 1 kg 700 g

❺ 19 kg 200 g−9300 g=9 kg 900 g / 9 kg 900 g

❶ (남은 귤의 무게)
=(처음에 있던 귤의 무게)−(먹은 귤의 무게)
=7 kg 300 g−5 kg 200 g
=2 kg 100 g

❷ (유겸이가 캔 감자의 무게)−(라희가 캔 감자의 무게)
=9 kg 500 g−6 kg 650 g
=2 kg 850 g

❸ (장난감의 무게)
=(처음 가방의 무게)−(장난감을 뺀 후 가방의 무게)
=8 kg 600 g−7 kg 500 g
=1 kg 100 g

❹ (민주의 몸무게)−(영아의 몸무게)
=34 kg 500 g−32 kg 800 g
=1 kg 700 g

❺ (의자의 무게)
=(책상의 무게)−9300 g
=19 kg 200 g−9300 g
=19 kg 200 g−9 kg 300 g
=9 kg 900 g

156쪽

❶ 10, 8, 4, 4, 6 / 6 kg

❷ 26, 13, 13, 7 / 7 kg

157쪽

❸ 31 kg

❹ 30 kg

❺ 260 g

❸ ㉯ 철근의 무게: □ kg
㉮ 철근의 무게: (□+12) kg
⇨ (□+12)+□=50, □+□=38, □=19
따라서 ㉮ 철근의 무게는 19+12=31(kg)입니다.

❹ 하진이의 몸무게: □ kg
소율이의 몸무게: (□−4) kg
⇨ (□−4)+□=64, □+□=68, □=34
따라서 소율이의 몸무게는 34−4=30(kg)입니다.

❺ 유민이가 사용한 설탕의 무게: □ g
연아가 사용한 설탕의 무게: (□−40) g
⇨ (□−40)+□=560, □+□=600, □=300
따라서 연아가 사용한 설탕의 무게는 300−40=260(g)입니다.

평가 5. 들이와 무게

158쪽

1	1000	8	6000
2	4900	9	7, 110
3	8, 20	10	9
4	5 L 900 mL	11	7 kg 700 g
5	2 L 500 mL	12	6 kg 400 g
6	9 L 100 mL	13	10 kg 150 g
7	6 L 820 mL	14	2 kg 540 g

159쪽

15	6 L 300 mL	18	2 kg 600 g
	+3 L 400 mL		+1 kg 100 g
	=9 L 700 mL		=3 kg 700 g
	/ 9 L 700 mL		/ 3 kg 700 g
16	3 L 700 mL	19	7 kg 200 g
	−1 L 200 mL		−5 kg 400 g
	=2 L 500 mL		=1 kg 800 g
	/ 2 L 500 mL		/ 1 kg 800 g
17	3 L 200 mL	20	5 kg

15 (수조에 들어 있는 물의 양)
=(처음에 들어 있던 물의 양)+(더 부은 물의 양)
=6 L 300 mL+3 L 400 mL
=9 L 700 mL

16 (식용유의 양)−(참기름의 양)
=3 L 700 mL−1 L 200 mL
=2 L 500 mL

17 (매실주스의 양)
=4 L 250 mL+1 L 850 mL
=6 L 100 mL
⇨ (남은 매실주스의 양)
=6 L 100 mL−2 L 900 mL
=3 L 200 mL

18 (밀가루와 설탕의 무게의 합)
=(밀가루의 무게)+(설탕의 무게)
=2 kg 600 g+1 kg 100 g
=3 kg 700 g

19 (남은 양파의 무게)
=(처음에 있던 양파의 무게)−(사용한 양파의 무게)
=7 kg 200 g−5 kg 400 g
=1 kg 800 g

20 지호가 사용한 지점토의 무게: □ kg
명수가 사용한 지점토의 무게: (□+2) kg
⇨ (□+2)+□=8, □+□=6, □=3
따라서 명수가 사용한 지점토의 무게는 3+2=5(kg)입니다.

6. 그림그래프

① 그림그래프

162쪽

❶ 10명 / 1명

❷ 33명

❸ 호주

163쪽

❹ 140명

❺ 희망 마을, 220명

❻ 80명

❼ 보람 마을, 행복 마을, 사랑 마을, 희망 마을

② 그림그래프로 나타내기

164쪽

❶ 예 2가지

❷
모둠별 모은 빈 병 수

모둠	빈 병 수
가	◎◎○○○○○
나	◎○○
다	◎○○○○○○○
라	◎○○○○

◎10병
○ 1병

165쪽

❸
학생들이 좋아하는 계절

계절	학생 수
봄	◎◎◎○○○○○○○
여름	◎○○○○○○
가을	◎◎○○○
겨울	◎◎

◎10명 ○1명

❹
학생들이 좋아하는 계절

계절	학생 수
봄	◎◎△○○
여름	◎△○
가을	◎◎◎○○
겨울	◎◎

◎ 10 명 △ 5 명 ○ 1 명

❺
일주일 동안 팔린 음식의 수

종류	음식의 수
볶음밥	◎◎○○
불고기	◎○○○○○
갈비탕	◎○○○○○○○
만둣국	○○○○○○○○

◎100그릇   ○10그릇

❻
일주일 동안 팔린 음식의 수

종류	음식의 수
볶음밥	◎◎○○
불고기	◎△
갈비탕	◎△○○○○
만둣국	△○○○

◎ 100 그릇 △ 50 그릇 ○ 10 그릇

166쪽

❶ 사이다   ❷ 영어

167쪽

❸ 16, 10 /

학생들의 혈액형

혈액형	학생 수
A형	◎◎◎◎
B형	◎○○○○○
O형	◎◎○○○○
AB형	◎

◎10명 ○1명

❹ 310, 230 /

마을별 쌀 생산량

마을	생산량
가	◎◎◎○
나	◎◎○○○○○○
다	◎◎○○○
라	◎○○○○○○○

◎100 kg ○10 kg

❶ 좋아하는 음료수별 학생 수를 구하면
주스는 32명, 콜라는 24명, 사이다는 41명,
식혜는 15명이므로 가장 많은 학생들이 좋아하는
음료수는 사이다입니다.
⇨ 가장 많이 준비해야 할 음료수: 사이다

❷ 배우고 싶어 하는 외국어별 학생 수를 구하면
영어는 500명, 중국어는 350명,
스페인어는 230명, 일본어는 160명이므로
가장 많은 학생들이 배우고 싶어 하는 외국어는 영어
입니다.
⇨ 가장 많은 강좌를 준비해야 할 외국어: 영어

❸ • A형: 40명이므로 ◎ 4개를 그립니다.
• O형: 24명이므로 ◎ 2개, ○ 4개를 그립니다.
• B형: ◎이 1개, ○이 6개이므로 16명입니다.
• AB형: ◎이 1개이므로 10명입니다.

❹ • 나 마을: 260 kg이므로 ◎ 2개, ○ 6개를 그립니다.
• 라 마을: 170 kg이므로 ◎ 1개, ○ 7개를 그립니다.
• 가 마을: ◎이 3개, ○이 1개이므로 310 kg입니다.
• 다 마을: ◎이 2개, ○이 3개이므로 230 kg입니다.

168쪽

❶ 21마리   ❷ 140권

169쪽

❸ 15개   ❹ 26번

❶ 햇빛 농장에서 기르는 오리 15마리를 🦆 1개, 🦢 5개로
나타내었으므로 🦆 은 10마리, 🦢 은 1마리를 나타냅니다.
⇨ 바다 농장에서 기르는 오리의 수: 21마리

❷ 동화책 260권을 📘 2개, 📗 6개로 나타내었으므로
📘 은 100권, 📗 은 10권을 나타냅니다.
⇨ 소설책의 수: 140권

❸ (네 마을의 전체 감자 생산량)=26＋35＋17＋42=120(kg)
⇨ (필요한 상자의 수)=120÷8=15(개)

❹ (네 동의 전체 쓰레기 배출량)=16＋25＋9＋28=78(t)
⇨ (트럭으로 옮겨야 하는 횟수)=78÷3=26(번)

170쪽

1　10자루 / 1자루

2　예준, 23자루

3　2자루

4　정수, 미진, 윤희, 예준

5

색깔별 구슬 수

색깔	구슬 수
빨간색	◎◎◎◎○○○
노란색	◎◎○○○○○○
초록색	◎◎◎○○○○
파란색	◎◎◎◎○

◎10개　○1개

6

색깔별 구슬 수

색깔	구슬 수
빨간색	◎◎◎◎○○○
노란색	◎◎△○○
초록색	◎◎◎△
파란색	◎◎◎◎○

◎ 10 개　△ 5 개　○ 1 개

171쪽

7　장미

8　8, 15 /

9　17명

10　20개

월별 비 온 날수

월	비 온 날수
3월	◎
4월	○○○○○○○○
5월	◎○○
6월	◎○○○○○

◎10일　○1일

2　✎의 수가 가장 많은 사람은 예준이고, ✎이 2개, ✐이 3개이므로 23자루입니다.

3　미진: 11자루, 정수: 9자루 ⇨ 11-9＝2(자루)

4　✎의 수를 비교한 다음 ✎의 수가 같으면 ✐의 수를 비교합니다.

7　꽃 가게에서 일주일 동안 팔린 꽃의 수를 구하면 튤립은 280송이, 장미는 420송이, 국화는 310송이, 수국은 160송이이므로 가장 많이 팔린 꽃은 장미입니다.
　　⇨ 가장 많이 준비해야 할 꽃: 장미

8　· 3월: 10일 ⇨ ◎ 1개
　　· 5월: 12일 ⇨ ◎ 1개, ○ 2개
　　· 4월: ○이 8개 ⇨ 8일
　　· 6월: ◎이 1개, ○이 5개 ⇨ 15일

9　기타 25명을 😊 2개, ☺ 5개로 나타내었으므로
　　😊은 10명, ☺은 1명을 나타냅니다.
　　⇨ 드럼을 배우고 싶어 하는 학생 수: 17명

10　(네 과수원의 전체 포도 생산량)＝19＋24＋31＋26＝100(kg)
　　⇨ (필요한 상자의 수)＝100÷5＝20(개)